식물혹 보고서
A Report on the Plant Galls

한국 생물 목록 13
Checklist Of Organisms In Korea 13

식물혹 보고서
A Report on the Plant Galls

펴 낸 날 | 2015년 1월 19일 초판 1쇄
　　　　　2017년 3월 6일 초판 2쇄
지 은 이 | 임효순, 지옥영
펴 낸 이 | 조영권
만 든 이 | 강대현, 노인향

펴 낸 곳 | 자연과생태
주소_서울 마포구 신수로 25-32, 101(구수동)
전화_02)701-7345-6　팩스_02)701-7347
홈페이지_www.econature.co.kr
등록_제2007-000217호

ISBN 978-89-97429-48-6　　93480

한국 생물 목록 13
Checklist Of Organisms In Korea 13

식물혹 보고서

A Report on the Plant Galls

글 · 사진 **임효순** · **지옥영**

자연과생태

식물에 솟아 있는 혹을 찾아서 돌아다닌 거리가 얼마나 될까 하는 생각을 해본다. 화사한 꽃도, 맛있는 열매도 아닌데 이리저리 사진 찍는 모습을 보고 의아한 표정을 짓던 사람들의 얼굴이 떠오른다. 이 책이 그분들에게 미흡하나마 도움이 되길 바란다.

힘들 때마다 마음을 다잡을 수 있었던 것은 우리나라에서는 아직 연구가 안 된 분야라는 점 때문이었던 것 같다. 좁은 길이라도 만들고 싶은 마음이었다. 앞으로 관심 있는 사람들이 늘어나서 혹의 비밀이 하나씩 풀리길 바란다.

어떤 것을 식물혹으로 보느냐에 대한 고민이 있었다. 결론은 벌레나 균, 또는 식물 스스로에 의해서 일정 부위가 정상보다 커지는 현상으로 규정지었다. 충영이나 균영의 경우 동정하지 못한 것이 많아 아쉬운데 관련 연구가 많이 이뤄지기를 기대한다.

1. 이름붙이기는 기주식물-혹 발생 부위-혹 형태-원인자의 순서로 붙이는 것을 원칙으로 해 이름을 보면 어떤 혹인지 쉽게 알 수 있도록 했고, 지상부 전체에서 발생하는 경우는 발생 부위를 표시하지 않았다. 나무의 경우 (원)줄기와 (새로 나온)가지를 구분했다.

2. 참나무에서 나오는 혹은 갈참나무, 신갈나무, 졸참나무, 떡갈나무, 상수리나무, 굴참나무 전체에서 보이면 기주식물을 참나무로 하고 갈참나무, 신갈나무, 졸참나무, 떡갈나무에서만 보이는 경우는 많이 관찰되거나 처음 관찰된 기주식물을 이름에 넣었다. 하지만 갈참나무와 신갈나무, 졸참나무를 구분하기가 애

매한 경우도 많았다. 교잡 여부는 고려하지 않고 잎자루와 거치 형태로만 구분해서 기주식물로 정했다. 상수리나무, 굴참나무의 경우도 같은 방법으로 이름을 붙였다. 복잡해서 갈참나무속과 상수리나무속으로 통일하고 싶은 마음이 들었지만, 자료가 될 것 같아서 조사한 대로 붙였다. 다만, 중부지방에서 주로 조사한 점을 참고하기 바란다.

3. 주맥을 중심으로 접힐 경우 접은혹이라 이름 붙였고(예: 나비나물잎접은혹파리혹), 잎 둘레에 혹이 나오는 경우는 가장자리혹이라고 했다(예: 버드나무잎가장자리혹응애혹). 특별한 모양을 나타내는 경우, 그 형태를 이름에 넣었다(예: 찔레별사탕혹벌혹). 목본 기주식물에는 '나무'를 붙이는 것을 원칙으로 했지만 덩굴성 목본에는 붙이지 않았다(등나무, 철쭉, 낙상홍은 예외).

이 책이 나올 수 있도록 도움을 주신 분들이 많다. 먼저 혹파리 관련 논문을 다수 보내 주신 유가와 님, 쇠무릎이삭혹을 발견해준 진길화 님, 명아주줄기혹, 벌개미취혹, 박쥐나물줄기혹, 취나물줄기혹을 전해준 차명희 님, 후박나무잎뒤혹파리혹을 가져다준 곽정심 님, 쑥줄기과실파리혹 사진을 보내 준 허운홍 님께 감사한다. 혹파리와 식물혹을 연구하는 김왕규 박사는 원인자 동정에 힘써 주고 조사방법에 관해 조언해 주며 저자들의 연구에 큰 힘이 되었다. 든든한 동반자가 되어 준 그에게 깊은 감사의 마음을 전한다. 한편 위험을 무릅쓰고 팔리지 않을 책을 출판해준 〈자연과생태〉 조영권 편집장을 빼놓을 수 없으며, 〈자연과생태〉가 이 분야에 미친 큰 영향력을 기억한다.

2015년 1월
임효순·지옥영

차례

응애혹

초본에서 발생하는 혹

목본에서 발생하는 혹

차례

벌혹

차례

———

균혹

균을 원인으로 형성되는 균
혹은 형태가 일정하지 않
고 발생 부위가 넓어 지상
부 전체에서 나올 때가 많
다. 습도가 높으면 발생량
이 많으며 한 번 발생하면
지속되는 경향이 있고 잎에
서 나올 경우, 유엽보다는
성엽에서 형성된다.

나팔꽃잎균혹

6~9월에 보이며, 흰색 포자가 잎과 줄기에서 발생한다.

9월 23일. 잎 앞면

9월 23일. 줄기

9월 23일. 잎 뒷면

들깨잎균혹(들깨 노균병)

가을에 성옆에서 많이 보인다.

9월 18일. 잎 뒷면 노균병균(*Peronospora* sp.)

10월 21일

국화잎균혹(국화 흰녹병, 백수병)

5월부터 낙엽 질 무렵까지 계속 나오며, 강우량이 많은 해에 늘어난다. 잎 앞면은
약간 오목하게 들어가고 뒷면은 원형으로 두드러진다. 흰색 포자가 들어 있다.

5월 29일. 잎 뒷면

5월 29일. 잎 앞면

8월 6일. 흰녹병균(*Puccinia horiana*). ×10

노루오줌균혹

6월 하순에 발견했으며 포자가 날리고 있었다. 잎과 줄기에서 발생한다.

6월 22일. 잎 뒷면의 혹

6월 22일. 줄기의 혹

6월 22일

미국쑥부쟁이균혹

9월에 보인다. 잎과 줄기에서 황색 포자가 원형으로 두드러지며, 쑥에서도 같은 형태로 나온다.

9월 8일. 잎의 혹

9월 8일

9월 8일. 줄기의 혹

비비추잎균혹

5월에 보인다. 잎 뒷면에 황색 포자가 둥글게 뭉친다. 균을 먹는 파리류 유충이 관찰된다.

5월 24일. 잎 앞면

5월 24일. 잎 뒷면

5월 24일. 포자 속의 파리류 유충. ×10

소리쟁이잎균혹

5월에 보인다. 잎 앞면에 둥글고 붉은색으로 솟아오르거나 들어가며, 뒷면으로 돌출된다. 포자는 흰색이다.

6월 6일. ×10

5월 15일

질경이잎균혹

5월에 보이며 잎 뒷면이 포자덩이로 두드러진다.

5월 15일

옥수수균혹(옥수수깜부기병)

7~8월에 보인다. 줄기, 수꽃, 잎 등 지상부 전체에서 크게 형성되고 흰 막이 터지면 검은색 포자가 쏟아진다. 포자는 흙 속에서 월동하고 이듬해 옥수수 파종 시에 발아한다.

7월 10일

7월 19일. 이삭에 형성된 혹

7월 23일

7월 30일. 터져 나오는 옥수수깜부기병균(*Ustilago maydis*)

보리이삭균혹

낱알이 길게 신장하고 속이 비어 쭉정이가 된다.

5월 8일

수크령씨균혹

9~10월에 나오고 10월 중순 이후에 혹이 터져서 검은 포자가 날린다. 강아지풀에도 같은 형태의 혹이 보이지만, 금강아지풀에서는 나오지 않는다.

9월 2일

9월 4일. 포자가 터져 나오는 모습

9월 12일. 수크령씨균혹

9월 19일. 강아지풀씨균혹

10월 4일. 강아지풀씨균혹

벼나락균혹(맥각병, 이삭누룩병, 깜부기병)

9~10월에 보인다. 꽃이 필 무렵 껍질(호영)에 균이 침입해서 시작된다. 성숙하면 껍질이 열리면서 황색 균이 보이고 시간이 지나면 검은색으로 변해 날아간다. 검은색 포자는 땅 속에서 월동하고 이듬해 7~8월 발아해 벼꽃이 필 때 침투한다. 질소 비료를 과다 사용했거나 이삭이 팰 시기에 일조량이 적고 습기가 많으면 많이 나온다. 벼 낱알에만 생긴다.

9월 5일. 이삭누룩병균(*Ustilaginoidea virens*)

9월 5일. 황색균

9월 14일. 검게 변한 균 덩어리

9월 23일

여우꼬리사초이삭균혹

6월에 발견했다.

6월 14일

개여뀌이삭균혹

10월에 발견했다.

10월 13일. 터져 나오는 포자

10월 13일

인동덩굴잎균혹

5월에 보인다.

5월 30일

청가시덩굴잎균혹

6월에 발견했다.

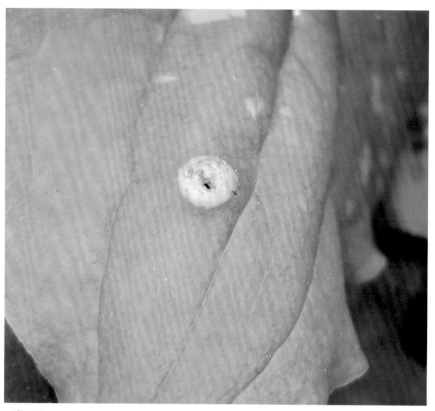

6월 25일

으아리균혹

5월에 보인다. 잎과 줄기에서 나오고 성숙하면 녹포자기가 생성된다.

5월 7일

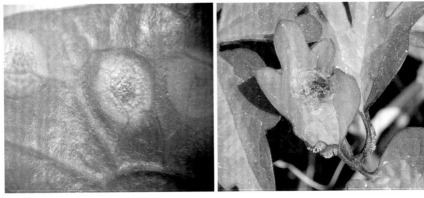

5월 12일   5월 12일

사위질빵균혹

생장이 왕성한 5월 중순에 나타났다가 꽃이 피기 전에 사라진다. 균에 감염되면 생장호르몬의 자극으로 감염 부위의 세포분열이 빨라져 비대해진다. 특히 줄기에서 큰 혹이 나온다. 잎 앞면과 뒷면, 줄기에 다양한 모양으로 나오며, 6월에 포자방이 열려 주황색 포자가 혹 주위에 쏟아진다. 발생시기가 빨라지고 있는 경향이다.

6월 3일

6월 6일 혹 초기

6월 6일

6월 8일. 균의 영향으로 비대해진 줄기

6월 11일. ×10

6월 18일

6월 30일. 포자가 다 떨어진 혹

칡잎균혹

8월부터 10월까지 보인다. 맥을 따라가며 퍼지고 당년 줄기에서도 보인다. 9월이면 포자가 날린다.

8월 25일. 잎에서 형성된 혹

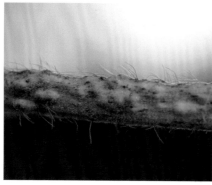

9월 8일. 어린 줄기에서 형성된 혹

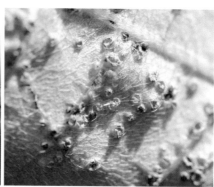

10월 7일. ×10

칡잎가장자리균혹

10월에 발견했으며 잎가장자리가 앞면 쪽으로 둥글게 오그라든다.

10월 15일

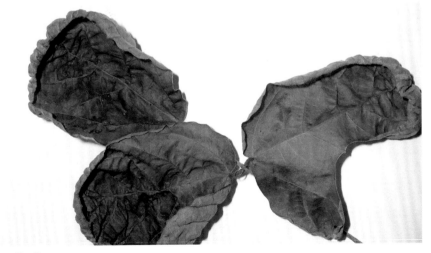

10월 15일

칡줄기균혹

10월이 되면 균에 감염되어 두드러진 줄기가 보이고, 이듬해 5월 수피가 갈라지면서 포자가 날린다.

4월 19일

5월 10일

10월 4일

10월 4일

11월 8일. 돌출된 혹

11월 8일

11월 8일. 균으로 비대해진 줄기

개오동나무잎가장자리균혹

6~9월에 보인다. 잎가장자리가 앞면 쪽으로 둥글게 말린다.

6월 13일

9월 27일

가래나무잎균혹

8월에 발견했다.

8월 24일

낙상홍잎균혹

6월부터 낙엽 질 무렵까지 보이며 잎 전체가 앞면 쪽으로 오그라든다.

6월 15일

복숭아나무잎균혹(복숭아나무잎오갈병)

5월에 보인다. 주로 잎에서 나오지만 꽃과 어린 가지, 과실에서도 나온다. 초기에는 잎과 같은 녹색이지만, 햇빛을 받으면 짙은 붉은색을 띤다. 세포가 이상 신장해 잎 앞면으로 융기한다. 6월이 되면 혹 표면에 자낭이 회백색 가루로 덮이고 다 날린 후 갈색으로 변한다.

5월 26일. 잎 앞면. 복숭아나무잎오갈병균(*Taphrina deformans*)에 의한 혹

왜철쭉균혹(철쭉떡병)

5월부터 10월까지 지속적으로 나온다. 초기에는 잎과 같은 녹색에 광택이 있는 혹이다가 성숙하면 흰색 포자로 덮이고 포자가 날아간 뒤에는 흑색으로 변한다. 양지에서는 붉은빛을 띠는 경우도 있다. 잎에서 주로 나오고 꽃, 줄기에서는 드물게 나온다. 강수량과 밀접한 관계가 있어 비가 잦은 해 봄에 많이 나온다. 서양에서는 식용하는 것으로 알려져 있으며 진달래에서도 나오지만 철쭉에서는 안 보인다.

5월 6일. 꽃잎에 생긴 혹

5월 8일. 철쭉떡병균(*Exobasidium japonicum*)

5월 13일

5월 15일. 녹색으로 광택이 있는 초기의 혹

5월 26일. 흰색 포자로 덮인 모습

6월 10일. 포자를 날리고 흑색으로 변한 혹

6월 28일

8월 12일

10월 22일. 붉은빛을 띠는 혹

앵두나무열매거지주머니균혹(주머니병)

5월 초 중순에 보인다. 미숙한 앵두 열매에 균이 감염되어 크기가 보통 열매보다 2~3배 커지며, 핵층이 퇴화해 속이 비게 된다. 균은 혹 외부로 노출된다. 자두나무 열매에서도 발생한다.

5월 5일

5월 5일. 주머니병균(*Taphrina pruni*)

5월 9일. 비어 있는 혹 내부

5월 20일. 자두나무 열매에 생긴 혹

백당나무균혹

6~7월에 보인다. 잎 앞면에서는 붉은색이 강하게 나타나고 꽃대에서도 발생한다.

6월 22일. 잎 앞면의 혹

6월 22일. 잎 뒷면의 혹

6월 22일

7월 13일. ×10

버드나무잎균혹

6~9월에 어린 가지와 잎에서 보인다. 초기에는 황색 반점이 나타나고 성숙하면 포자 덩어리로 도드라진다.

9월 10일. 잎 뒷면의 포자 덩어리. *Melampsora* sp.

9월 10일. 잎 앞면의 황색 반점

뽕나무균혹

5월부터 여름까지 보이고 잎, 줄기, 순으로 가면서 나온다.

6월 24일. 잎 뒷면

6월 24일. 잎 앞면

7월 25일. 순에서 나온 모습

서어나무잎균혹

6월 초순에 발견했다. 노균은 갈색으로 변한다.

6월 6일

산사나무균혹(사과나무붉은별무늬병, 적성병)

4월 중순 이후 중간 기주인 향나무에서 포자가 이동해 와서 낙엽 질 무렵까지 보인다. 초기에는 잎 앞뒷면에 황색으로 엷게 두드러지고, 5월 하순이 되면 잎 뒷면에서 녹포자기가 길게 돌출되었다가 돌출 부위 끝이 열리면서 황색 녹포자가 쏟아진다. 잎, 잎자루, 열매에서 발생한다. 팥배나무, 콩배나무 등 장미과 식물에서 발생하며 보리수나무 잎에서도 같은 형태로 나온다.

5월 12일. 모과나무

5월 19일. 콩배나무

5월 23일. 명자나무

6월 16일. 포자가 모두 날아간 모습

6월 16일. 열매에서 나온 녹포자기. 사과나무붉은별무늬병균(*Gymnosporangium yamadae*)

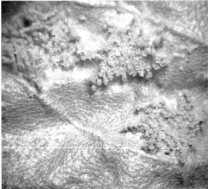

7월 16일. 잎 뒷면에 돌출된 녹포자기가 열린 모습

9월 6일

9월 6일. 잎 뒷면에 녹포자기가 형성되기 전 형태

까치박달나무잎균혹

6월에 발견했으며 잎 뒷면에서 두드러진다.

6월 6일

6월 6일

향나무줄기균혹(향나무녹병)

연중 보인다. 이른 봄에 잎과 가지에 암갈색을 띠는 돌기, 겨울 포자퇴가 형성되어 있다가 4월이 되어 비가 오면 황색 젤리처럼 부풀어 담자포자를 형성, 장미과 식물로 옮겨 간다. 6~7월에 녹포자가 향나무로 돌아와 잎과 줄기 속에서 균사로 월동한다. 혹 표면은 적갈색을 띠고 내부는 목질화된다. 노간주나무에서도 보인다.

4월 12일. 겨울 포자퇴의 모습. 속이 목질로 차 있다.

4월 12일. 향나무녹병균(*Gymnosporangium* sp.)

5월 19일. 젤리 형태의 노간주나무 담자포자

고로쇠나무줄기균혹

연중 보인다. 줄기에 세균이 침투해 이상 비대해진 세포들이 모여 큰 혹을 만든다.

고로쇠나무줄기균혹

아까시나무줄기균혹

연중 보인다.

아까시나무줄기균혹

등나무줄기균혹

연중 보인다. 세균의 자극으로 세포들이 이상 비대해져 작은 돌기가 나타난다. 작은 돌기들이 뭉치면 큰 덩어리의 혹이 되며, 뿌리가 있다.

9월 8일

9월 8일. 등나무혹병균(*Pantoea agglomerans*)

9월 8일. 등나무

소나무줄기균혹(소나무혹병)

연중 보인다. 소나무 줄기에 형성되는 혹으로 4~5월이 되면 단맛이 나는 점액이 흐르며 점액 속에 포자가 들어 있다. 이 포자는 중간 기주인 참나무류의 잎으로 날아가 번식하다가 가을에 소나무 새 줄기로 돌아온다. 10개월의 잠복기를 거쳐 이듬해 8~9월에 혹을 형성하며, 해를 이어 비대해져 30㎝ 이상 커진다. 표면은 거칠고 내부는 차 있으며 단단하다.

5월 28일. 소나무혹병균(*Cronartium quercuum*)

졸참나무줄기균혹

연중 보인다. 줄기 전체에서 단단한 구형으로 형성된다. 신갈나무, 갈참나무에서
도 발생한다.

4월 11일

4월 11일

4월 11일

5월 23일

진딧물혹

● ● ●

진딧물혹에는 진딧물혹, 면충혹, 뿌리혹벌레혹, 이혹이 있다. 이들의 혹은 5~6월에 주로 나오며 기주식물의 한쪽이 크게 신장해 주머니 형태를 만들 때가 많다. 혹 안에는 수십 마리의 진딧물류와 배설물, 탈피각, 밀랍 등이 섞여 있고, 진딧물 포식자인 꽃등에 유충, 풀잠자리 유충, 노린재 등이 함께 있는 경우도 있다. 나무에서 혹을 만드는 진딧물류는 여름~가을에 2차 기주(초본류)에서 혹을 만들지 않고 지내다가 기주식물로 돌아오는 종류가 대부분이다.

들깨순진딧물혹

8월 하순에 발견했다. 주로 순에서 잎 앞면으로 이어지며 비대해지는 현상이 나타
난다.

8월 24일

8월 24일

9월 4일. 들깨진딧물(*Aphis egomae*)

물봉선잎혹진딧물혹

7~8월에 많이 보이고 10월까지 보인다. 완전 밀폐형이 아닌 혹으로 크게 형성되며 초기에는 흰색이다가 햇빛을 받으면 붉은색이 짙어진다. 잎이 뒷면 쪽으로 말리고 잎 앞면에 융기하며, 꽃등에 유충이 들어 있는 경우가 많다.

8월 3일

8월 6일. 봉선화혹진딧물(*Eumyzus impatiensae*) 성충과 약충. ×20

10월 9일. 붉은색이 짙은 혹

10월 9일. 혹 내부의 꽃등에 유충

까마중순진딧물혹

열매가 열리는 8월에 보인다. 잎이 뒷면 쪽으로 말린다.

까마중 순

8월 18일. 까마중 순

8월 18일. 까마중 순

산박하진딧물혹

4월 하순부터 5월에 보이며 어린잎 뒷면에서 진딧물이 흡즙하면서 잎 앞면 쪽으로 융기하고 순에서는 구형으로 보인다.

5월 1일. 산박하진딧물(*Myzus isodonis*)

산박하순주머니진딧물혹

10월에 발견했는데 입구가 열린 빈 혹이었다. 순에서 동글게 주머니 형태의 혹이
형성된다.

10월 27일

명아주잎진딧물혹

5~9월에 보인다. 잎이 앞면 쪽으로 말린다.

5월 29일

5월 29일

8월 24일. 명아주진딧물(*Hayhurstia atriplicis*)이 형성한 혹

배초향순면충혹

여름(7, 8월)에 보인다. 면충이 잎 뒷면에서 흡즙하면서 잎 뒷면 쪽으로 심하게 오그라들며 비대해지고, 혹 안에는 솜뭉치와 면충이 같이 있다.

7월 25일

7월 25일

7월 25일. ×20

7월 26일. *Kaltenbachiella elsholtriae*

쑥잎진딧물혹

5월 중순부터 10월까지 보인다. 여름에는 성엽에서 많이 나오다가 가을에는 순 부분으로 집중된다. 가을에 보이는 개체는 밀랍으로 싸여 있고 움직임이 느리다. 5월과 다른 종일 가능성이 있다.

5월 28일

6월 20일

9월 26일

9월 30일

며느리배꼽잎가장자리진딧물혹

잎이 뒷면 쪽으로 말린다.

5월 10일

노박덩굴잎진딧물혹

9월에 발견했다.

9월 6일

멀꿀잎진딧물혹

1월에 발견했으며 잎이 앞면 쪽으로 말리면서 비대해진다.

1월 7일

1월 7일

조팝나무잎가장자리진딧물혹

5월에 발견했으며 잎가장자리가 앞면 쪽으로 말려 들어가면서 비대해진다.

5월 21일

누리장나무순진딧물혹

5월부터 9월까지 보인다. 어린잎이 뒷면 쪽으로 말리면서 뭉친다.

5월 29일

8월 12일

8월 26일. 누리장진딧물과 공생하는 개미. ×10

8월 26일. 누리장진딧물(*Aphis clerodendri*) 성충. ×20

산조팝나무잎진딧물혹

6월 초에 발견했는데 빈 혹이었다. 잎 뒷면에 혹을 만들고 성충 탈출 시 앞면이 열린다.

6월 6일. 잎 앞면

6월 6일. 잎 뒷면

6월 9일

붉나무잎면충혹(오배자)

6월 하순부터 혹이 만들어져 서서히 커진다. 가을에 혹이 터지면서 성충이 나와 이끼로 이동해 겨울을 보내고 봄에 양성세대가 출현해 짝짓기 후에 붉나무에 산란한다. 붉나무에 혹을 만드는 면충은 두 종류로, 날개잎에 혹을 만드는 종류는 오배자면충이고 소엽의 기부에 혹을 만드는 종은 꽃오배자면충이다. 초기의 혹은 연두색이지만 점차 붉은색이 짙어지고 면충 탈출 후 갈색으로 변한다. 탄닌 함량이 많아 터지기 전의 혹은 노란색 천연 염료로 쓰이고 삶은 물은 혓바늘 치료에 쓰인다.

10월 11일. 성충 탈출 후 갈색으로 변한 혹

꽃오배자면충(*Nurudea yanoniella*)에 의한 혹

오배자면충(*Schlechtendalia chinensis*)에 의한 혹

오배자면충(*Schlechtendalia chinensis*)

괴불나무잎가장자리진딧물혹

5월에 보이고 6월에는 빈 혹이 대부분이다. 어린잎 가장자리가 뒷면 쪽으로 접히면서 비대해지고 붉은색을 띠는 경우가 많다.

5월 6일

5월 12일

5월 15일

6월 7일. 잎 뒷면

콩배나무잎가장자리면충혹

4월 말경 간모가 어린잎 뒷면에 붙어 흡즙하는 것이 관찰된다. 이후 가장자리가 이상 신장해 잎 뒷면 쪽으로 말린다. 간모가 혹 안에서 새끼를 낳으면 혹은 점차 커진다. 혹 안에서 약충은 흰 밀랍에 싸여 있고 몸이 검은 성충은 5월 중하순 경에 나온다. 잎가장자리가 뒷면 쪽으로 접히며 크게 부푼다. 배나무에서도 발생한다.

5월 1일. 초기 형태

5월 2일. 배나무면충(*Prociphilus kuwanai*) 간모와 약충.
×20

5월 2일. 배나무면충(*Prociphilus kuwanai*)

5월 7일. 잎이 뒷면 쪽으로 말리는 모습

5월 28일

팥배나무잎진딧물혹

5월에 보인다. 잎이 횡축으로 뒷면 쪽으로 말린다.

5월 11일

5월 14일.

앵두나무잎진딧물혹

6월에 발견했는데 진딧물은 초본류(국화과)로 떠난 상태였다. 다수의 진딧물이 잎 뒤에서 흡즙하면서 잎은 뒷면 쪽으로 말린다.

6월 4일. 자두둥글밑진딧물(*Brachycaudus helichrysi*)이 만든 앵두나무잎진딧물혹

7월 21일

매실나무잎진딧물혹

5월에 발견했다. 잎이 뒷면 쪽으로 말린다.

5월 24일

느릅나무잎가장자리진딧물혹

5월부터 가을까지 보인다. 잎가장자리가 앞면이나 뒷면 쪽으로 길게 말린다. 혹 속의 진딧물 포식자로 꽃등에류가 오지 않고, 노린재, 풀잠자리류가 온다.

5월 23일

6월 3일

6월 7일. 성충과 약충

6월 7일. 성충

6월 20일. 면충을 먹으러 온 풀잠자리 유충

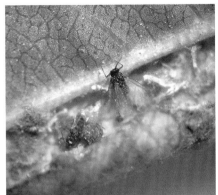

6월 29일. ×20

7월 5일. 진딧물 포식자 느릅표주박장님노린재(*Pherolepis fasciatus*)

느릅나무잎면충혹

5월부터 가을까지 보이며 측맥과 측맥 사이가 크게 부풀어 오른다. 당느릅나무, 참느릅나무에서도 발생한다.

5월 28일

5월 28일

혹 안의 약충. ×20

5월 28일

8월 17일

8월 18일

느릅나무잎주머니면충혹

5월부터 6월 초순에 다양한 주머니 형태의 혹이 잎 앞면으로 나타난다. 수피에서 월동한 알이 4월 중순 전후 부화해 새잎 뒷면에서 흡즙하면서 혹이 형성되면 안으로 들어가 간모로 성장한 후 번식을 계속한다. 5월 중순~6월 초순이 되면 혹이 터지면서 유시충이 나온다. 유시충은 중간 기주인 벼과 식물의 뿌리로 갔다가 10월에 기주식물로 돌아와 유성생식 후 수피 틈에 산란한다. 유충은 검은색이고 햇빛을 받은 혹은 빨갛게 된다. 시무나무에서도 발생한다.

5월 17일

5월 22일

5월 26일

5월 27일. 혹 내부의 검은배네줄면충(*Tetraneura nigriabdominalis*) 약충. ×20

6월 19일. 시무나무에 생긴 혹

6월 6일. 면충 탈출공

느릅나무잎뿌리혹벌레혹

5월에 잎 앞면에 마름모형으로 혹이 생기고, 6월 초순이 되면 혹 안에서 날개 없는 성충이 알을 낳는다. 탈출 시에는 혹 위가 벌어진다.

5월 28일. 외형이 커진 혹

5월 28일. 외형이 커진 혹

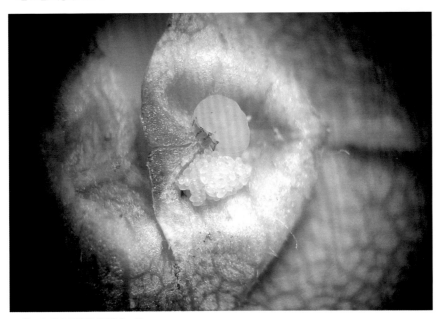

6월 9일. 산란 중인 뿌리혹벌레. ×20

느티나무잎표주박면충혹

4월 중순 수피에서 월동한 알이 부화해 새잎으로 이동한 다음, 잎 뒷면을 흡즙하면서 하순에 잎 앞면으로 표주박형 혹이 나타난다. 혹 안으로 들어간 약충은 간모로 성장하고, 산란을 계속해 5월이 되면 혹 안이 면충으로 꽉 찬다. 6월 초순 전후로 혹이 터지면서 유시충이 탈출한다. 대나무류로 이동해 여름을 지내고 가을에 유시충이 나와 느티나무로 돌아온다. 짝짓기 한 암컷은 수피 사이에서 알을 품은 채 죽는다. 면충이 나간 뒤에도 갈색으로 변한 혹은 계속 유지되고 느릅나무에서도 같은 형태의 혹이 나온다.

5월 9일

5월 11일. 잎 뒷면

5월 11일. 면충 간모. ×15

5월 11일. 면충 간모. ×40

5월 12일. 기생하는 자나방류의 유충. ×20

6월 7일. 느티나무외줄면충(*Colopha moriokaensis*) 성충.
2㎜. ×20

6월 11일. 한 장의 잎에 열 개 이상의 혹이 발생하기도 한다.　　8월 24일. 성충 탈출 후 갈색으로 변한 혹

때죽나무순납작진딧물혹(때죽납작진딧물혹)

5월 하순 꽃이 50% 이상 졌을 때 줄기와 잎자루 사이에서 길게 자루를 달고 형성되기 시작한다. 6월 중순에는 작은 바나나 송이 형태가 되고, 7월 초순이 되면 끝이 열리면서 유시충이 탈출하기 시작한다. 최성기 혹 하나에는 진딧물이 150마리 이상 들어 있다. 탈출한 유시충은 2차 기주인 화본과 식물(예: 나도바랭이새)로 갔다가 가을에 때죽나무로 돌아온다. 어린 나무에서 잘 생기며 빈 혹은 이듬해까지 달려 있다. 쪽동백나무에서도 같은 형태의 혹이 나온다.

5월 31일. 초기

6월 1일. 때죽나무혹(위)과 쪽동백나무혹(아래)의 간모

6월 8일. 초기 혹의 내부

6월 13일. 혹 표면에서 흡즙하는 미국선녀벌레

6월 28일

7월 1일

7월 9일. 뾰족한 앞부분이 열린다.

7월 22일

7월 22일. 때죽납작진딧물(*Ceratovacuna nekoashi*) 성충.
×20

10월 26일. 성충 탈출 후 갈색으로 변한 혹

조록나무잎진딧물혹

5월부터 혹이 나오기 시작하고 가을에 잎 뒷면의 혹이 열려 유시충이 탈출한다. 유시충은 잎눈 기부에 알을 낳고 이 알은 4월에 부화해 혹을 형성한다. 혹은 주맥 양 옆으로 형성되며 잎 앞뒷면이 같은 비율로 부풀고 뒷면의 혹 중앙에 돌출부위가 있어 탈출 시 열린다.

6월 12일

6월 12일

6월 7일. 조록나무잎진딧물(*Neothoracaphis yanonis*) 약충

7월 28일

10월 21일

10월 21일. 성충 탈출 후 갈색으로 변한 혹

귀룽나무잎진딧물혹

5월에 보인다. 측맥과 측맥 사이가 길게 부풀어 오르며 뒷면은 열린 혹이다. 짙은 붉은색을 띤다.

5월 14일. 초기 형태

5월 15일. 성숙한 혹

귀룽나무순진딧물혹

수피 사이에서 알로 월동하고 부화한 약충은 기주의 눈에 모여 즙을 빨다가 4월 하순부터 잎 뒷면의 즙을 빨며 번식한다. 6월이 되면 유시충이 나타나 억새, 갈대 등에서 2차 번식하고 10월에 기주식물로 옮겨와 유성생식 후 알을 낳는다. 주맥을 중심으로 길게 잎 뒷면 쪽으로 말리면서 잎 앞면이 이상 비대한다. 벚나무, 복숭아나무에서도 보인다.

복숭아가루진딧물혹(*Hyalopterus pruni*)

4월 27일

귀룽나무잎가장자리진딧물혹

4월 중순~5월 중순에 보인다. 잎가장자리가 앞면 쪽으로 말려 들어가고 잎 끝이 남지 않는다. 꽃등에 유충이 들어 있는 경우가 많다. 혹이 생긴 잎은 빨리 진다.

4월 11일

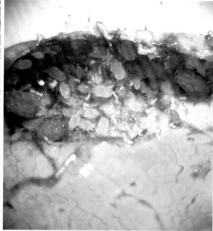

4월 12일. 혹 내부의 간모와 약충. 벚나무노랑혹진딧물
(*Myzus siegesbeckiae*)

4월 27일

5월 13일. 잎 뒷면

94

복숭아나무잎가장자리진딧물혹

겨울눈 기부에서 월동한 알이 3월 하순~4월 초에 부화해 잎 뒷면에서 흡즙하면서 혹이 형성된다. 5월 하순이 되면 유시충이 나와 중간 기주로 이동했다가 10월 중 하순에 복숭아나무로 돌아온다. 봄부터 여름까지 보이며 잎가장자리가 길게 비대 해지면서 뒷면 쪽으로 접힌다.

7월 25일. 복숭아혹진딧물(*Myzus persicae*)에 의해 형성된 혹

8월 24일

벚나무순진딧물혹

5월 중순~6월에 보인다. 가지에서 알로 월동하고 이듬해 4월 중순에 깨어나 새순으로 이동해서 잎 뒷면의 즙을 빨면 잎 앞면이 비대해지며 종축으로 말리면서 혹이 형성된다. 6월 중순에 유시충이 출현해 2차 기주인 쑥으로 이동했다가 가을에 벚나무로 돌아와 산란한다. 햇볕을 받으면 붉은색이 더욱 진해진다.

6월 9일

5월 19일   5월 22일

5월 25일. 벚잎혹진딧물(*Tuberocephalus sakurae*)   6월 6일
간모와 약충. ×20

6월 8일   5월 12일

벚나무잎가장자리진딧물혹

4월 하순~6월 초순에 보인다. 초기 혹에 간모가 여러 마리가 들어 있는 경우가 많고 5월 하순부터 유시충이 출현한다. 잎가장자리가 뒷면 쪽으로 말리지만 끝은 그대로다. 벚나무, 섬벚나무, 양벚나무에서 발생한다.

4월 27일. 벚나무

5월 2일. 섬벚나무 혹 내부의 간모 3마리

5월 2일. 섬벚나무

5월 23일. 양벚나무

6월 1일. 모리츠잎혹진딧물(*Tuberocephalus misakurae*) 성충과 약충. 1.5㎜. ×20

벚나무잎닭볏진딧물혹(사사키잎혹진딧물혹)

4월 중순 어린잎에서 실처럼 가늘게 시작되어 점점 잎 앞면 쪽으로 크게 융기하다가 5월 하순이 되면 잎 뒷면이 열리고 유시충이 탈출한다. 7월 중순에 늦게 발생하는 혹은 8월 초에 성충이 되어 나가는데, 숫자는 많지 않다. 탈출한 성충은 2차 기주인 쑥 잎 뒷면에서 번식 새끼를 낳는다. 이 유충은 무시충으로 여름을 보내고 10월 하순에 유시충 암수가 나와 짝짓기 후 벚나무로 돌아가 작은 가지나 눈에 산란한다. 알은 난태로 월동하고 이듬해 부화해 새잎으로 이동해 흡즙하면서 혹을 만든다. 측맥과 측맥 사이에서 닭볏형, 직사각형, 원통형 등으로 형성된다. 이 혹이 나온 잎에서는 벚나무잎가장자리진딧물혹이 나오지 않는다.

4월 19일. 혹 초기

5월 2일. 혹 단면

5월 7일

5월 10일. 혹 내부의 간모

5월 12일

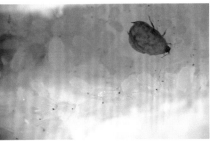

5월 18일. 간모와 약충. ×20

5월 23일. 약간 벌어진 상태

5월 25일. 사사키잎혹진딧물(*Tuberocephalus sasakii*) 성충

6월 20일

8월 9일. 2차 발생한 혹

벚나무잎지렁이혹진딧물혹

5월 초중순에 보인다. 측맥과 측맥 사이에서 나오며 잎가장자리까지 닿고, 모양은 일정치 않다. 초기부터 붉은색이 진하며, 뒤가 닫히지 않는다. 이 혹이 나오면 벚나무잎가장자리진딧물혹과 벚나무잎닭볏진딧물혹이 나오지 않는다.

5월 1일

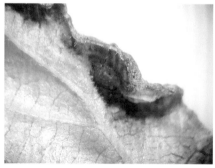

5월 2일. 간모. ×20

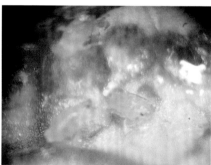

5월 2일. 유충. ×20

5월 7일

5월 9일

물푸레나무잎면충큰혹

5월 초순 면충이 잎 뒷면에서 흡즙하면서 이상 비대한 어린잎들이 뭉쳐서 작은 공 모양이 형성된다. 혹은 중순까지 점점 커지다가 유시충이 나와 2차 기주인 전나무 로 날아가기 시작하는 하순이 되면 공 모양이 풀린다. 면충은 흰 밀랍에 싸여 태어 나며 들메나무, 가래나무, 광릉물푸레나무에서도 발생한다.

5월 1일

5월 1일. 이동 중인 물푸레면충들

5월 17일. 혹 내부

5월 18일. 갓 태어난 약충. ×20

5월 18일. 물푸레면충(*Prociphilus oriens*). ×20

7월 25일. 성충이 날아간 후 풀리는 혹

갈참나무잎진딧물혹

4월 하순~5월 초에 약충이 보이고 5월 하순에 성충이 날아간다. 잎 뒷면 쪽으로 길게 말리면서 앞면으로 융기한다.

4월 23일. ×10

5월 16일. 혹 안의 약충

5월 16일

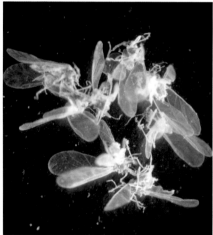

5월 26일. *Diphyllaphis quercus*. ×20

106

물황철나무잎닭볏면충혹

5월 중순부터 7월에 보이며 유시충은 6월 중순부터 출현한다. 잎 앞면이 종축으로 돌출하면서 혹을 형성한다.

5월 24일

6월 7일. 벌레 형태로 돌출된 혹

6월 9일. 혹 내부의 성충과 약충

7월 12일. 황철나무볏면충(Epipemphigus niishimae) 성충. ×30

물황철나무잎자루면충공혹

5월 중순부터 나오기 시작해 점차 커지다가 6월 초순 혹이 터지면서 유시충이 나와 중간 기주로 이동했다가 10월에 다시 돌아온다. 수피 틈에서 알로 월동한다. 잎자루나 잎과 잎자루 연결 부위에서 둥글게 큰 혹이 형성되며 같은 잎에서 볏면충혹과 함께 나온다.

5월 26일

5월 26일. 간모와 약충. ×20

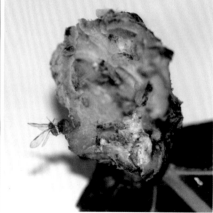

6월 7일

6월 9일. 황철나무혹면충(*Pemphigus dorocola*) 성충과 약충

사람주나무잎가장자리진딧물혹

5월에 발견했으며 잎가장자리가 뒷면 쪽으로 말린다.

5월 9일

5월 9일

뽕나무잎이혹

5~6월에 약충이 무리지어 즙을 빨면서 일부분에 혹이 형성된다.

8월 1일

뽕나무이(*Anomoneura mori*)

때죽나무잎이혹

8~10월에 보인다. 잎 앞면이 작게 솟아오르고, 뒷면은 들어가며 유충이 한 마리씩 들어 있다.

8월 1일

10월 28일. 때죽나무이(*Trioza nigra*)가 형성한 혹

조팝나무잎가장자리이혹

5~6월에 보인다. 잎 앞면으로 접히면서 부풀고 약충이 여러 마리 들어 있다.

5월 22일

6월 18일. 혹 내부의 약충

상수리나무잎둥근이혹

9월에 발견했으며 혹 안에 약충이 한 마리씩 들어 있다. 잎 앞뒷면이 같은 형태로 융기한다.

9월 23일

9월 25일. 혹 내부

팽나무잎뾰족이혹

5월 중순부터 7월 중순에 보이며 6월 초에 성충이 나오기 시작한다. 잎 앞면에서는 뾰족하게 솟아올라 끝이 휘고 뒷면은 납작한 흰 분비물로 뚜껑을 만들어 덮는다. 잎 앞면 전체에서 솟아오르고 많을 때는 잎 한 장에 혹 20여 개가 생기는 경우도 있다. 이처럼 혹 수가 많으면 혹의 크기가 작아진다. 약충은 한 마리씩 들어 있으며 성충 탈출 후에도 혹은 계속 남아 있다. 가을에 혹을 만들지 않고 2차 번식한 후 알로 월동한다. 풍게나무에서도 발생한다.

5월 21일. 혹 안의 날개가 생긴 약충

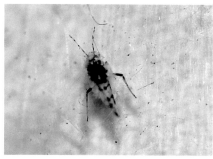

6월 8일

6월 10일. 잎 뒷면의 혹

6월 15일. 잎 앞면의 혹

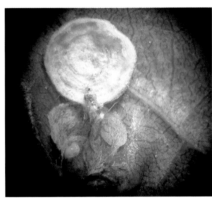

6월 20일. 큰팽나무이(*Celtisaspis japonica*) 성충. ×20

6월 19일. 풍게나무에 생긴 혹

7월 5일. 큰팽나무이 약충. ×20

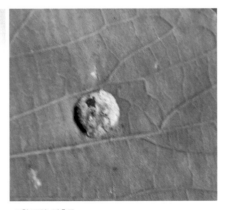

7월 18일. 탈출공

오가피나무이혹

5월에 보이는 혹은 어린잎과 줄기에서 나오고 성충은 7~8월에 출현한다. 8월에 열매 주위에 형성된 혹에서는 9~10월에 성충이 출현해 이끼로 날아가 월동한다. 월동한 성충은 4월에 짝짓기하고 잎과 줄기에 산란한다. 지름 5㎜ 내외의 둥근 혹이고 성충 탈출 시 혹이 터진다.

6월 11일

6월 16일　　　　　　　　　　7월 13일

8월 18일. 열매에 형성된 혹

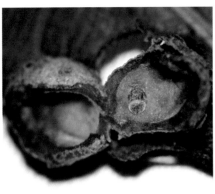

8월 26일. 혹 내부의 모습으로 약충이 한 마리씩 들어 있다.

9월 30일. 성충 출현 탈출 후 혹이 터진 모습

9월 30일. 오갈피나무이(*Trioza ukogi*). 2.8㎜

9월 30일. 오갈피나무이(*Trioza ukogi*). 2.8㎜

10월 9일. 혹이 완전히 열린 모습

주엽나무잎접은이혹

4월 하순이 되면 알 낳으러 온 주엽나무이를 잎 근처에서 볼 수 있다. 5월 1일 전후 혹이 형성되기 시작하고 5월 중하순에는 혹 밖으로 나온 성충이 많이 보인다. 소엽이 주맥을 중심으로 엉성하게 접혀 부풀고 혹 안에는 약충이 여러 마리 들어 있다.

5월 7일

4월 27일. 산란 장소 찾는 주엽나무이

5월 14일

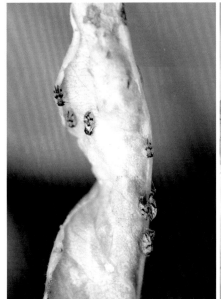

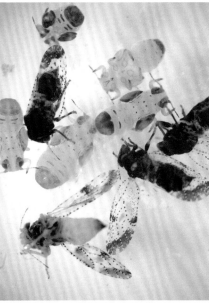

5월 29일

6월 1일. 주엽나무이(*Euphalerus robinae*) 성충과 약충.
×20

참나무잎이혹

4월 하순~5월, 8월 중순~9월 두 차례 나온다. 잎 앞면이 작게 솟으며 뒷면에 약충이 한 마리씩 들어 있다. 갈참나무, 졸참나무, 신갈나무, 굴참나무, 상수리나무에서 보인다.

5월 3일. 졸참나무

5월 31일. 상수리나무

8월 17일. 굴참나무

9월 2일. 갈참나무

9월 4일

9월 4일. 상수리나무이(*Trioza remota*)

녹나무잎이혹

이의 약충이 잎 뒷면에 흡즙하면서 앞면이 작게 솟아오르며, 진한 자주색을 띤다. 잎 뒷면의 오목한 곳에서 약충으로 월동하며 이듬해 봄에 성충이 출현해 새잎에 산란한다.

10월 27일

10월 27일

응애혹

● ● ●

응애혹에는 혹응애와 응애
가 만드는 혹이 있다. 혹응
애혹은 잎에서 주로 발견되
며 다양한 형태의 작은 혹
이 잎 전체에 퍼진다. 발생
기간이 길어 봄부터 가을까
지 볼 수 있는 경우가 많다.
혹응애는 일반 응애와 달리
다리가 두 쌍이며 몸이 길
쭉하다.

까치수영잎혹응애혹

5월 하순부터 보인다. 잎 앞면 쪽이 불규칙하게 돌출되고 뒷면은 세포가 이상 생장해 솜으로 덮여 있는 것처럼 보인다.

6월 8일. *Eriophyes* sp.

8월 12일. 잎 뒷면

8월 12일

9월 15일

미국자리공잎혹응애혹

8월에 관찰했다. 잎 전체에서 나오며 부정형으로 잎 앞면은 돌출하고 잎 뒷면은 들어간다.

8월 18일

8월 18일

단풍잎돼지풀잎혹응애혹

9월에 발견했으며 잎 앞면 전체에 작은 돌기가 생긴다.

9월 1일. 잎 앞면

9월 1일. 잎 뒷면

맑은대쑥잎혹응애혹

7월 중순에 발견했다. 갈색으로 변한 빈 혹도 있고 혹응애가 10여 마리 이상 들어 있는 혹도 많았다. 잎 앞면으로 돌출되며 새순에 집중된다.

7월 14일

7월 14일

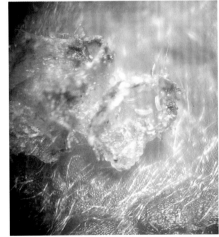

7월 16일. ×40

7월 16일. ×40

고마리잎응애혹

9월에 보인다. 잎이 뒷면 쪽으로 밀리며 생긴 혹 안에 응애가 여러 마리 들어 있다. 무리지어 나오지 않고 드물게 보인다.

7월 14일. 혹 형성 초기

9월 3일. 잎 뒷면

9월 3일. 잎 앞면

노박덩굴잎혹응애혹

6월에 발견했으며 잎 앞면으로 둥글게 돌출되고 잎 뒷면 쪽은 들어간다.

6월 6일

6월 6일

다래나무잎가장자리혹응애혹

5월에 보인다. 잎가장자리가 앞면 쪽으로 말린다.

5월 27일

5월 27일

다래나무잎혹응애혹

5월 말에 발견했으며 잎 앞면으로 둥글게 커지고 잎 뒷면은 이상 신장한 세포들이 솜처럼 덮는다.

5월 27일. 잎 앞면의 혹 형태

5월 27일. 잎 앞면의 혹 형태

5월 27일. 잎 뒷면의 혹 형태

미역줄나무잎가장자리혹응애혹

5월에 발견했으며 잎가장자리가 앞면 쪽으로 말린다.

5월 30일. 미역줄나무

미역줄나무잎혹응애혹

5월 말에 발견했으며, 잎 전체에 작은 혹이 퍼진다.

5월 28일

회양목순혹응애혹

4월 하순 꽃이 지면서부터 나타나기 시작해 5월에 많고 6월 하순이 되면 갈색으로 변한 혹이 나타난다. 순에서 꽃봉오리 모양으로 나타나고 변형된 잎 사이사이에 흰색 혹응애가 각자 돌아다닌다. 나무의 성장을 방해하는 혹이다.

5월 18일

6월 30일

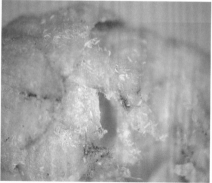

7월 13일. 혹 안의 회양목혹응애(*Eriophyes buxis*). ×40

조팝나무잎가장자리혹응애혹

4월 말부터 9월까지 보인다. 잎가장자리가 앞면 쪽으로 길게 말리면서 부푸는 혹
이다. 혹 안에는 혹응애가 여러 마리 들어 있다.

5월 7일

6월 30일

산딸기잎혹응애혹

6월부터 10월까지 보인다. 잎 앞면으로 불규칙하게 부풀어 오르고 햇빛을 받으면 붉게 변한다.

6월 17일. 초기

7월 17일   9월 29일

136

구기자잎혹응애혹

5월 중순부터 낙엽 질 무렵까지 볼 수 있다. 어린 가지 틈이나 잎눈 인편에서 월동한 암컷 성충이 잎 뒷면에서 즙을 빨면서 잎 앞뒷면으로 동글납작하게 비대해지면서 녹색 혹이 형성된다. 혹은 성숙하면 자주색을 띤다. 1년에 여러 세대를 거치며, 월동형 성충은 8월에 나온다. 혹응애 탈출 시에는 잎 뒷면이 열린다.

5월 21일

6월 24일. 구기자 잎 뒷면

6월 24일. 구기자혹응애(*Eriophyes macrodonis*)가 만든 혹

까마귀밥여름나무잎혹응애혹

6월에 발견했으며 잎 뒷면 쪽으로 혹이 형성된다.

6월 10일

딱총나무잎혹응애혹

10월에 발견했다. 잎 앞면으로 불규칙하게 솟아오른다.

10월 9일

붉나무잎혹응애혹

5월 말부터 10월까지 보인다. 잎 앞면으로 불규칙하게 돌출되는 혹이 전체에 퍼지고 뒷면은 약간 들어간다. 초기 혹의 뒷면은 흰 털 모양으로 뭉친다. 녹색 혹이 많지만 햇빛을 받으면 붉게 변한다. 혹응애의 생식 밀도가 낮아서 잘 보이지 않는다.

5월 28일

5월 28일

6월 3일. 혹 형성 초기의 잎 뒷면

7월 5일. 붉나무혹응애(*Aculops chinonei*)가 만든 혹

버드나무잎가장자리혹응애혹

5월부터 10월까지 계속 보인다. 잎가장자리가 뒷면 쪽으로 길게 말리면서 부풀어 오른다. 굴곡이 심하고 붉은색을 띠기도 한다. 키버들에서도 보인다.

5월 28일. 버드나무

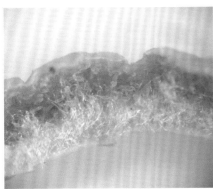

6월 3일. 혹 내부의 붉은빛을 띠는 혹응애. ×40

6월 20일. 잎 뒷면

버드나무잎가장자리매끈혹응애혹

4월 말부터 보이기 시작하며 굴곡이 없이 매끈하게 잎 앞면 쪽으로 길게 말린다. 버드나무와 용버들에서 보인다. 붉은색을 띠기도 한다.

4월 27일. 용버들

4월 27일. 용버들

5월 1일. 버드나무

버드나무잎혹응애혹

5월 하순부터 보인다. 잎 앞면 쪽으로 돌출되며, 열어 보면 뾰족한 구조물이 길게
보인다.

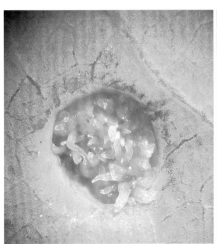

5월 28일. ×10

5월 28일

5월 28일. ×10

5월 28일

버드나무잎빨간혹응애혹

5월 초 잎 앞면에서 하나 둘 보이다가 전체에 퍼진다. 6월이 되면 혹응애가 사라져 혹이 납작해졌다가 가을에 산발적으로 다시 나온다. 하나의 혹에 혹응애가 100마리 이상 들어 있다. 용버들, 능수버들에서도 나오고 키버들에서는 안 보인다.

5월 23일

5월 28일

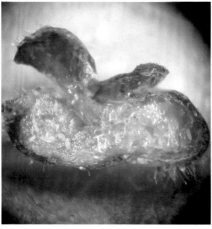

5월 30일. 혹 안의 버들혹응애(*Eriophyes salicis*). ×40

9월 14일. 혹응애 탈출 후 갈색으로 변한 잎

시닥나무잎혹응애혹

6월에 발견되었다. 잎 앞면으로 작게 돌출되고 잎 뒷면은 들어간다.

6월 10일. *Vasates* sp.

시무나무잎혹응애혹

4월 하순부터 낙엽 질 무렵까지 지속적으로 보이며 작고 납작한 원형 혹이 엽육 전체에 퍼진다. 잎 앞면에서는 붉은빛을 띠는 경우가 많다. 잎 앞뒷면으로 융기하고 혹응애혹과 면충혹이 같은 잎에서 나오는 경우도 있다. 느릅나무에서도 발생한다.

4월 28일. 잎 뒷면

5월 24일. 잎 앞면

6월 19일

6월 19일

6월 21일. 혹 내부. *Aceria* sp. ×20

7월 9일. 느릅나무에 발생

고로쇠나무잎혹응애혹

5월에 보였으며 잎 앞면으로 붉은색을 띠는 작고 둥근 혹이 돌출되며, 잎 전체에 퍼진다.

5월 26일.
Aceria macrorhyncha. ×20

5월 24일

피나무잎혹응애혹

6월에 보인다. 둥근 혹이 잎 전체에 퍼지며, 빛을 받으면 붉게 변한다.

6월 19일

피나무잎뾰족혹응애혹

6월에 많이 보인다. 잎 앞면 쪽으로 직립한 혹이 엽육에 퍼진다.

6월 9일. *Eriophyes tiliae*. ×20

6월 6일

피나무잎맥혹응애혹

5월 하순에 발견했다. 잎맥을 따라서만 나오며 분기점에서는 큰 혹으로 자라고 잎 뒷면은 세포가 가늘고 길게 신장해 털처럼 보인다.

5월 27일. *Phytoptus* sp.

호두나무잎혹응애혹

잎 전체에서 부정형으로 발생하며, 앞면 옆육에서 융기한다.

9월 21일

귀룽나무잎혹응애혹

4월 하순부터 6월 초까지 잎과 잎자루에서 발생한다. 잎자루부터 주맥을 따라 잎 전체에 퍼진다. 잎 앞면으로 직립해 올라오며 혹 끝이 뭉툭하다.

4월 27일. 초기

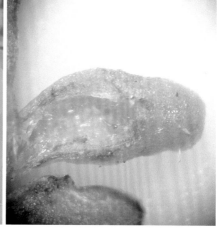
5월 2일. 귀룽나무잎혹응애. ×40

5월 6일

5월 31일

귀룽나무잎응애혹

6월에 나왔다. 잎 뒷면에서 응애 여러 마리가 즙을 빨아 잎이 뒷면 쪽으로 말리면서 잎 여러 장이 뭉친다.

6월 10일

목련잎응애혹

여름부터 가을까지 나온다. 응애 여러 마리가 즙을 빨면서 잎 전체가 크게 접힌다.

7월 29일

10월 28일

아까시나무잎혹응애혹

6월에 드물게 보인다. 잎 앞면으로 둥글게 돌출되고 잎 뒷면 쪽은 들어간다.

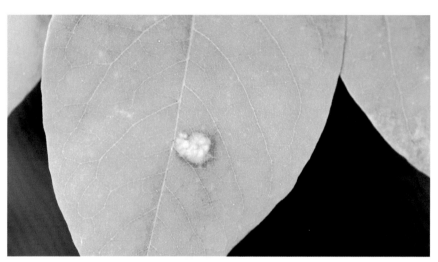

6월 10일

6월 15일

6월 15일

느티나무잎혹응애혹

8월에 발견했으며 표주박형(느티나무잎표주박면충혹과 같은 형태)의 작은 혹이 잎 앞면 전체에 퍼지고 성충 탈출 시에는 뒷면이 열린다.

8월 24일

8월 24일

8월 24일. *Aceria zelkoviana*. ×10

가래나무잎혹응애혹

6월부터 10월까지 계속 보인다. 잎 전체에 퍼지며 10월에는 잎 뒷면 혹 밖에서 붉은색 혹응애가 기어 다니는 것이 보인다. 앞면은 부정형으로 돌출되며 뒷면은 솜털 같은 구조물이 뭉쳐 있다.

6월 26일

6월 26일

10월 16일. 혹 주위의 붉은빛이 짙은 혹응애

중국굴피나무잎혹응애혹

6월에 발견했으며 잎 전체에서 동그란 혹이 올라온다.

6월 19일

6월 19일. 혹 내부. ×40

6월 19일

졸참나무잎혹응애혹

5월 중순부터 보이고 10월에는 빈 혹이 되어 갈색으로 변한다. 잎 앞면 쪽으로 길게 직립해 돌출되고 뒷면은 들어가는 형태인데 드물게 뒤로도 나온다.

5월 24일. 잎 뒷면

6월 7일

6월 26일

10월 9일

신갈나무잎혹응애혹

5월에 발견했으며 잎 앞면이나 뒷면으로 둥글게 부풀어 오른다.

5월 27일

5월 30일. *Eriophyes mackiei*

참나무잎응애혹

4월 말부터 초여름에 집중된다. 잎 뒷면에 응애류가 기생하면서 잎 앞면 쪽이 융기하고 뒷면 쪽으로 말린다. 봄철에 비가 잦은 해에 많이 발생한다. 갈참나무, 신갈나무에서 많이 보이고 상수리나무에서도 발생한다.

4월 29일

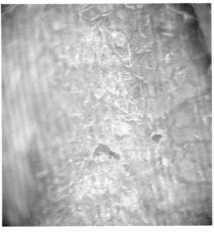
4월 29일. 혹 안의 응애

5월 2일

5월 6일. 신갈나무

밤나무잎혹응애혹

4월 하순부터 11월까지 지속적으로 보인다. 2㎜ 내외의 작은 혹이지만 2~4개가 붙어서 커지기도 한다. 잎 전체에 생기며 앞뒷면으로 볼록해지고 혹 안에는 붉은빛이 도는 혹응애가 최대 500마리까지 들어 있다. 11월이 되면 잎 뒷면 쪽의 혹이 열려 탈출한다. 탈출 뒤 잎눈 사이에서 월동하고 이듬해 4월 잎이 돋을 무렵에 활동을 시작한다. 밤나무순혹벌혹이 많은 나무에서는 적게 발생하고 품종 간 발생 정도에는 큰 차이가 있다.

5월 8일. 잎 뒷면

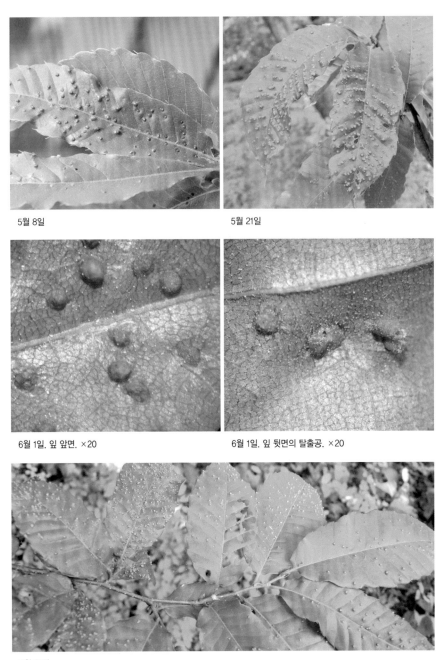

5월 8일

5월 21일

6월 1일. 잎 앞면. ×20

6월 1일. 잎 뒷면의 탈출공. ×20

6월 21일

팽나무잎혹응애혹

5월부터 10월까지 계속 나온다. 5월에 열어 보면 혹응애가 한 마리씩 들어 있다.
주로 잎 앞면 쪽으로 돌출되며 탈출 시 뒷면의 혹이 열린다.

5월 8일

5월 8일

5월 8일. 팽나무잎혹응애 한 마리만 들어 있다. ×40

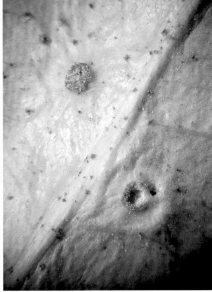

10월 21일

10월 28일

서어나무잎혹응애혹

5월부터 낙엽 질 무렵까지 보이며 잎 앞면으로 날카롭게 돌출되어 앞면 전체에 퍼지고 뒷면으로는 열린 혹이다.

5월 29일

6월 26일. 잎 뒷면   6월 26일. 잎 앞면

파리혹

● ● ●

파리가 원인이 되어 형성되
는 혹으로 여름에 많이 보
인다. 잎, 순, 줄기에서 주로
나오고 1년 1세대 혹은 성충
을 보기 힘든 경우가 많다.
혹파리류가 대부분이고 굴
파리, 꽃파리, 과실파리의
일부 종이 혹을 만든다.

환삼덩굴혹파리혹

7월 초에는 잎에서 보이기 시작해 9월 하순까지 잎자루와 꽃대로 옮겨 가면서 나온다. 1년 2, 3세대로 1차 성충은 7월 중순에 나온다. 2차는 9월 초순에 나오고 꽃대에 생긴 혹은 그대로 월동한다. 붉은빛이 강한 구형 혹으로 안은 건조하고 번데기는 자극에 민감하게 반응한다. 7월의 혹에는 노란색 유충이 한 마리씩 들어 있는 경우가 대부분이고 8, 9월에는 두세 마리씩 들어 있다.

7월 18일. *Asteralobia humuli*. ×20

7월 18일. 탈출공과 탈피각

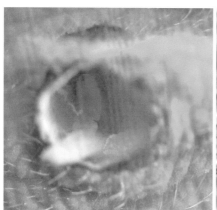

8월 3일. 혹 내부

8월 4일

8월 17일. 줄기에서 나온 혹

8월 27일. 꽃대로 올라가는 혹

8월 27일. 혹 형성 초기

쥐깨풀줄기혹파리혹

5월 하순에 발견했으며 줄기가 타원형으로 비대해진다.

5월 20일

호박줄기파리혹

8월에 발견했다. 유충이 줄기 속을 파먹으며 혹이 형성된다.

9월 7일

8월 23일

쑥뾰족혹파리혹

5월 초순부터 나와서 11월까지 계속 발생한다. 성충은 7월부터 나오고 늦게 생긴 혹은 유충으로 월동한다. 봄, 여름에는 잎 앞뒷면으로 주로 나오고 8월 꽃대가 나오면 꽃 주위, 줄기에서 생긴다. 봄, 여름 혹은 작고 월동하는 혹은 밑 부분이 목질화되어 단단하다. 혹은 완전 밀폐형이 아니며 성충 탈출 시 끝이 열린다. 유충은 한 마리씩 들어 있으며, 어릴 때는 흰색이었다가 황색으로 변한다. 월동하는 유충은 몸을 반으로 접고 있다.

5월 23일. 혹 형성 초기

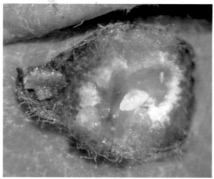

6월 20일. 혹 내부의 어린 유충. ×20

7월 15일. 탈출공

7월 18일. 쑥혹파리(*Rhopalomyia yomogicola*). ×20

8월 27일. 탈피각이 붙어 있는 혹

9월 18일. 꽃대에서 나온 혹

9월 23일

9월 23일

9월 23일. 줄기에 형성된 혹

10월 30일. 몸을 반으로 접고 있는 혹 안의 유충

참쑥혹파리혹

7월 초순부터 10월 중순까지 새로운 혹이 계속 나온다. 8월 중하순에 성충이 많이 나오고 늦게 형성된 혹은 유충으로 월동한다. 처음에는 줄기 따라 위로 올라가며 나오다가 꽃이 피면 꽃 주위에서 많이 보인다. 혹은 붉은빛을 띠고 작고(지름 5㎜ 내외) 둥근 형태가 대부분이며 성숙한 혹이 터지면 붉은 유충이 드러난다.

8월 25일

6월 30일. 혹 초기

8월 28일. 성충이 나간 혹

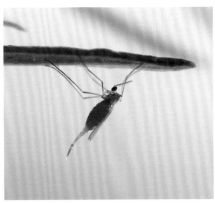

8월 28일. 닮은쑥혹파리(*Rhopalomyia struma*) 암컷

9월 2일. 붉은빛이 짙은 혹

10월 11일. 꽃대로 올라간 혹

10월 11일. 터지는 혹

11월 1일

11월 1일. 혹 내부의 유충

쑥줄기혹파리혹

7월 초순부터 보이고 8월 중순이면 혹이 터져서 성충이 나오기 시작한다. 9월 초순까지 보이고 이후에는 생기지 않는다. 모양이 일정하지 않고 참쑥혹파리혹보다 크다.

8월 12일

8월 20일

8월 27일

9월 1일. 닮은쑥혹파리(Rhopalomyia struma) 암컷. 유전자 분석결과 참쑥혹파리혹에서 나오는 성충과 같은 종으로 밝혀졌다(김왕규). ×30

176

참쑥줄기과실파리혹

9월 3일 발견했으며 일주일 뒤에 성충이 출현했다. 혹은 순에 가까운 줄기에서 둥글게 비대해지고 처음에는 녹색이었다가 점차 붉은색을 띤다. 유충은 한 마리씩 들어 있다.

9월 10일 혹과실파리
(*Oedaspis japonica*)
(사진 제공: 허운홍)

9월 3일

쑥줄기솜혹파리혹

6월부터 10월까지 계속 발생한다. 1년 2~3세대 발생하며 가을에 생긴 혹은 유충으로 월동해 이듬해 4월 초순에 성충이 출현한다. 장마 전에 나오는 혹은 크기가 작고 비 온 뒤에는 지름 2㎝까지 커지는 혹이 많아진다. 솜 안에는 유충 방이 여러 개 있고 각 방마다 붉은빛이 도는 유충이 한 마리씩 들어 있으며, 기생벌도 많이 나온다. 월동하는 유충 방은 목질화되어 단단하다. 줄기에서 주로 나오지만 잎에서 나오는 경우도 있고, 산국, 인진쑥에서도 드물게 보인다.

4월 5일. 성충 출현

5월 6일. 혹에서 나온 기생벌

6월 19일. 산국에서 나온 혹

7월 9일. 지름 2㎝의 대형 혹

8월 1일. 혹 형성 초기

9월 2일. 잎에서 나온 혹

9월 14일. 극동쑥혹파리(*Rhopalomyia giraldii*) 암컷. ×20

10월 11일

10월 12일. 혹 내부의 번데기와 유충. ×10

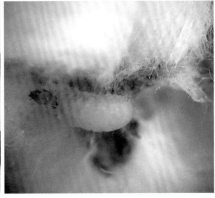

12월 14일. 월동 중인 혹 속의 나방류 유충

넓은잎외잎쑥순혹파리혹

4월 하순부터 보이고 유충은 한 마리씩 들어 있다. 순에 유충이 기생하면 잎이 정상
으로 자라지 못해 작은 잎이 로제트형으로 돌려난다. 쑥부쟁이에서도 발생한다.

7월 14일

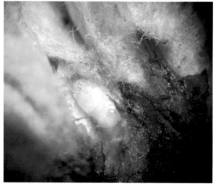

7월 16일. *Rhopalomyia iwatensis*. 번데기. ×10

7월 16일

넓은잎외잎쑥잎뒤가시혹파리혹

7월 중순에 발견했으며 잎 뒷면 측맥에 붙어서 눕는다. 지름 2㎜ 이내, 길이 5~6㎜인 가늘고 길쭉한 혹으로 혹 안에 유충이 한 마리씩 들어 있다. 1년에 여러 세대를 보내는 것으로 보인다.

7월 14일

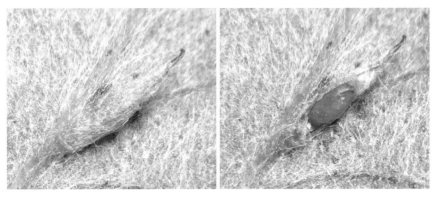

7월 14일. ×10

7월 14일. *Rhopalomyia* sp. ×10

산국혹파리혹

4월 말부터 혹이 나오고 5월 중순과 9월에 성충이 출현한다. 둥근 혹이 잎, 잎자루, 줄기 등에서 연이어 나오는 경우가 많다. 혹 안에는 방이 여러 개 있고 유충은 각 한 마리씩 들어 있다. 햇볕을 받아도 붉어지지 않는다. 감국에서도 발생한다.

5월 16일. 잎에 형성된 혹

5월 29일

9월 7일. 줄기에서 나온 혹

9월 14일. *Rhopalomyia* sp. 암수. ×20

10월 30일. 혹 내부의 번데기와 유충. ×10

박주가리줄기혹파리혹

8월에 보인다. 줄기 속에 황색을 띠는 유충이 여러 마리 들어 있고 이들의 흡즙으로 줄기가 울퉁불퉁해진다.

8월 30일

9월 17일

9월 17일. 박주가리줄기혹파리혹 내부

9월 17일. 박주가리줄기혹파리혹 내부

나비나물잎접은혹파리혹

5월에 보인다. 주맥을 중심으로 접히며 흰색 유충이 무리지어 있다. 벚나무 잎, 살구나무 잎에서도 발생한다.

5월 24일

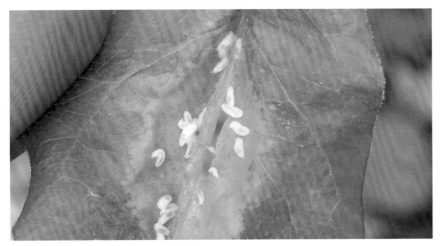

5월 24일. 혹 내부의 (*Dasineura* sp.) 유충

갈퀴나물줄기혹파리혹

6월 하순에 발견했다. 줄기에서 큰 혹이 형성되고 중앙에 유충 여러 마리가 함께 들어 있다. 외부는 흰 털로 덮인다.

6월 22일

6월 22일   7월 13일. 혹 내부. ×20

비수리줄기혹파리혹

7월 초에 발견했다. 순에 가까운 줄기에서 둥글게 형성되고 길게 신장한 세포로 싸여 있으며 유충 여러 마리가 들어 있다.

7월 6일

우산나물줄기파리혹

꽃대가 올라오는 5월 하순부터 보인다. 과실파리(*Paratephritis takeuchii*)가 만든 것이다. 꽃대 윗부분이 원형으로 크게 비대해지며 혹 안에는 유충 여러 마리가들어 있다. 노숙 유충은 황색이며 유충으로 월동하고 이듬해 5월에 우화한다.

5월 28일

취나물줄기혹파리혹

10월에 발견했다. 줄기가 길게 비대해지며 유충이 덩어리로 들어 있다. 유충은 다 자라면 붉은빛을 띠고, 혹 벽을 뚫고 나온다.

10월 16일(자료 제공: 차명희)

10월 16일. 혹을 뚫고 나오는 유충

10월 16일

갯개미취꽃받침혹파리혹

8월 하순부터 보이고 3령 유충이 되면 혹을 탈출해 땅으로 들어간다. 꽃받침 부분이 크게 부풀며 혹 안이 차 있고, 유충 20여 마리가 각각 들어 있다.

10월 10일(자료 제공: 차명희)

10월 10일(자료 제공: 차명희)

쇠무릎줄기마디혹파리혹

7월 하순 혹이 형성되기 시작하고 유충은 혹 속에서 월동해 이듬해 5월 하순 성충이 출현한다. 혹이 생기면 마디가 보통보다 2~3배 커지고 안에는 황색을 띠는 유충 여러 마리가 각각 들어 있다.

5월 12일. 쇠무릎혹파리(*Lasioptera achyranthii*) 유충. ×20

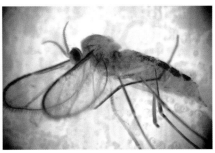

5월 24일. 쇠무릎혹파리(*Lasioptera achyranthii*) 성충. ×20

6월 10일. 성충 탈출 후 빈 혹

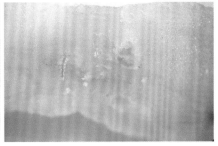

8월 21일. 유충

10월 30일

쇠무릎씨혹파리혹

이삭 윗부분에서 여러 개가 나온다. 11월이 되면 성충이 탈출해 땅으로 들어갔다가 이듬해 개화 시 산란한다.

11월 5일. ×10

11월 5일(자료 제공: 진길화)

엉겅퀴순파리혹

5월 중순에 보인다. 순에서 둥글게 만들어지며 혹 안에는 유충이 한 마리 들어 있다.

5월 8일

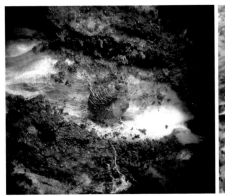

5월 8일. 혹 내부의 유충. ×20

5월 8일

단풍마혹파리혹

5월 중순부터 여름까지 보인다. 잎 앞뒷면으로 동글게 융기해 형성되며, 유충이 커지면 혹 뒷면 중앙에 돌기가 뚜렷해진다. 혹 벽이 두껍고 유충은 중앙에 한 마리씩 들어 있으며 황색을 띤다. 잎과 잎자루에서 발생한다.

7월 25일. 잎 앞면

7월 25일. 잎자루에 생긴 혹

7월 25일. 잎 뒷면

7월 25일. 혹 내부

마줄기혹파리혹

6월 중순에 나타나기 시작해 겨울까지 혹이 있다. 1년 1세대로 유충은 혹 속에서
월동하고 성충은 이듬해 6월 초에 우화한다. 혹 안은 차 있고 붉은빛을 띠는 유충
여러 마리가 따로따로 들어 있다.

6월 11일. 마혹파리(*Lestremia yasukunii*) 성충

6월 11일. 마혹파리(*Lestremia yasukunii*) 성충

6월 11일. 마혹파리(*Lestremia yasukunii*) 성충

6월 17일

7월 17일. 유충

9월 9일. 비대해진 줄기

9월 14일. 월동 중인 유충

10월 28일

억새순혹파리혹

6월 말부터 혹이 형성되고 8월에 많이 보인다. 혹이 만들어진 뒤 한 달이면 성충이 나온다. 9월에는 대부분 빈 혹이 달려 있다. 둥글게 보이고 중심부에 붉은 빛깔의 유충이 덩어리로 있다. 좀벌류가 많이 기생한다.

7월 29일

8월 1일. 혹 초기   8월 21일

8월 29일. 성충 탈출 흔적

9월 1일. 기생좀벌류. ×40

9월 1일. 억새혹파리(*Orseolia miscanthi*) 성충 수컷. ×20

9월 9일. 산란

9월 9일. 갈색으로 변한 혹

갈대줄기혹파리혹

3월에 발견했다. 줄기에서 길게 발생하고 혹 안에는 유충의 방이 나뉘어져 있다.
기생 당한 경우가 많다.

3월 17일

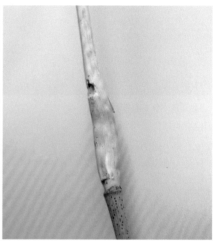

3월 17일

3월 17일

6월 30일. 탈피각

고사리순꽃파리혹

5월 초순에 보이며 순이 식물체 안쪽으로 말리면서 잎줄기에 이상 비대가 생긴다.
유충은 한 마리씩 들어 있다. 뱀고사리, 관중에서도 발생한다.

5월 13일

5월 13일. 참양치꽃파리(*Chirosia betuleti*). ×10

6월 3일

6월 11일

갈대순굴혹파리혹

6월 하순부터 시작되어 7월 말이 되면 큰 혹이 보인다. 유충은 7월 말에 종령이 되어, 이후 휴지기로 이듬해까지 있다가 4월 번데기가 되고 5~6월에 3종류의 성충이 출현한다. 1년 1세대로 혹 안에는 유충 한 마리가 있고 혹은 여름 이후 목질화되어 단단해진다. 월동 중인 유충은 머리를 아래쪽으로 혹 깊이 박고 있다가 번데기가 되기 전에 방향을 바꾸고 입구로 올라온다. 혹이 형성되면 이삭이 나오지 못해 기주식물에 큰 피해를 준다.

5월 8일. 번데기에서 탈출하는 성충

5월 8일. *Lipara lucens*. ×20

5월 8일. 갈대혹노랑굴파리(*Calamoncosis duinensis*). ×20

6월 8일. 혹 내부의 번데기

6월 27일. *Pseudeurina miscanthi*

6월 27일. *Pseudeurina miscanthi*. ×20

6월 28일. 초기의 혹

7월 5일. 섭식 중인 유충

8월 26일. 커진 혹

민박쥐나물줄기파리혹

7월부터 가을에 보이고 줄기가 둥글게 융기해 혹을 만들며 유충 여러 마리가 덩어리져 들어 있다. 형성자는 알 수 없으나 혹파리는 아닌 듯하다.

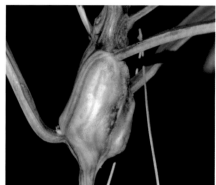 

7월 2일 (사진 제공: 송원혁)　　　　　　　7월 16일. ×10

7월 16일

7월 16일

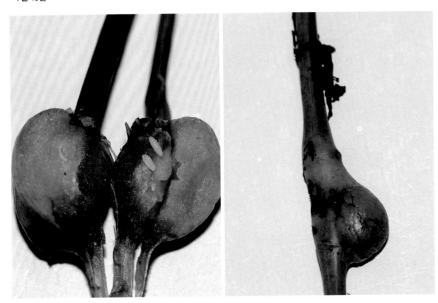

10월 16일

10월 16일

벌깨덩굴순혹파리혹

5월에 보이고 순에서 둥글게 발생한다. 혹 안에 유충 여러 마리가 들어 있고 순이 자라지 못해 기주식물에 피해를 준다.

5월 24일

제라늄줄기혹파리혹

11월에 꽃대에서 나왔다. 둥글며 속이 차 있고 유충은 매우 작았다. *Lasioptera* sp.에 의해 형성된 혹으로 추정된다(김왕규).

11월 29일

칡잎혹파리혹

7월 중순부터 낙엽 지는 시기까지 계속 관찰된다. 잎 전체에서 나오며 잎 앞뒷면으로 부풀어 둥글고 양쪽 중앙에 꼭지가 있다. 혹이 성숙하면 목질화되어 단단해진다. 혹에는 유충이 한 마리씩 들어 있으며, 어릴 때는 흰색이다가 노숙 유충 시기에는 황색을 띤다. 1년 1세대로 낙엽 질 때 함께 떨어져 유충으로 월동하고 이듬해 5월 전후 성충이 나와 새잎에 산란한다.

9월 8일

9월 8일

9월 8일. 혹에 산란 중인 기생벌

9월 8일. 혹 내부의 유충

9월 15일. 잎 뒷면

11월 6일. 목질화된 혹 속에서 월동 중인 유충. *Pitydiplosis puerariae* ×20

칡잎뒤맥혹파리혹

10월 하순에 발견했으며 혹이 커지는 단계였다. 혹 안에는 투명한 유충이 한 마리씩 들어 있다.

10월 30일

10월 30일   10월 30일

칡줄기혹파리혹

8월에 발견했다. 줄기 목질부가 부정형으로 비대해지고 혹 안에는 흰색 유충이 여러 마리 들어 있다.

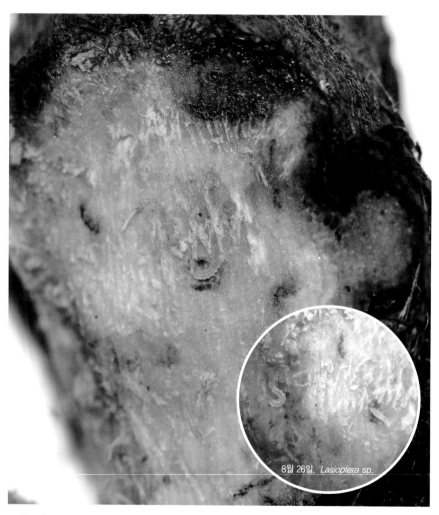

8월 26일. *Lasioptera* sp.

8월 26일

칡잎자루혹파리혹

6월 하순에 보인다. 잎자루 기부가 둥글게 부풀어 혹이 생기며 중심부에 흰색 유충 한 마리가 들어 있다.

7월 1일. *Lasioptera* sp.

7월 1일

8월 26일

8월 26일

송악꽃봉오리혹파리혹

송악꽃이 피는 10월~11월에 산란이 이루어지며 1령 유충으로 월동하고 이듬해 4월 말부터 혹이 형성되고 5월 중순에 성충이 나온다. 5월에 나온 성충은 기주식물을 바꿔 여름을 나고 가을에 송악으로 돌아와 산란한다. 혹 하나에 유충 한 마리씩 있다.

5월 7일

5월 12일. *Asphondylia* sp. ×10

탈출공과 탈피각

송악 열매혹파리혹

외관으로는 일반 열매와 크게 달라 보이지 않지만 잘라 보면 씨방 자리에 유충실이 있다. 유충은 한 마리씩 들어있다(김왕규).

Asphondylia sp.

개다래꽃봉오리혹파리혹

꽃봉오리가 개화하지 못하고 충영으로 발생한다. 열매가 커지는 7월까지 외형 성장이 완성되지만 8월 초까지는 유충을 보기 어렵다가 하순에 급격히 자라서 눈에 잘 띈다. 황색 유충 여러 마리가 따로 따로 들어 있고 성충은 9월에 나온다. 출현한 성충은 개다래가 아닌 다른 기주에 산란해 유충으로 월동하고 이듬해 개다래 개화 시에 산란하는 것으로 알려졌다. 길쭉한 열매가 변형되어 울퉁불퉁한 호박처럼 변하며, 이것을 목천료라 부르고 약재(신장, 통풍)로 쓴다.

8월 27일. 개다래 열매와 충영

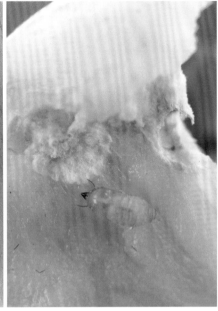

8월 27일. 혹 내부의 유충과 번데기

9월 20일. 혹을 뚫고 나오는 번데기

9월 27일. *Pseudasphondylia matatabi*

9월 27일. *Pseudasphondylia matatabi*

개머루열매혹파리혹

8월 개머루 열매에 생기며 9월 중하순에 성충이 나온다. 출현한 성충은 병꽃나무 순에 산란한다. 일반 열매보다 커지며 혹 안에 황색 유충이 한 마리씩 들어 있다.

8월 12일

8월 12일. *Asphondylia baca*가 만든 혹

216

사위질빵줄기혹파리혹

8월에 보이고 줄기에서 둥근 혹이 나온다. 혹 속에는 유충 여러 마리가 들어 있다.

8월 19일, *Lasioptera* sp.
×20

8월 19일

멍석딸기줄기혹파리혹

8~9월에 혹이 만들어지고 유충은 혹 속에서 월동하며, 이듬해 5월 중하순에 우화해 새로 나오는 줄기에 산란한다. 줄기에 더뎅이가 형성되며 노숙 유충은 주황색을 띠고, 혹 속에 여러 마리가 들어 있다. 기주식물 혹 윗부분의 생장을 방해한다. 줄딸기, 멍석딸기(=산딸기) 등에서도 발생한다.

9월 5일. 멍석딸기

9월 5일. 산딸기혹파리(*Lasioptera rubi*) 유충

9월 8일. 줄딸기에 발생

9월 8일. 줄딸기에 발생한 혹파리 유충과 기생벌 유충. ×30

10월 14일

9월 3일. 멍석딸기에 발생

까마귀머루잎혹파리혹

포도속(*Vitis*) 식물의 잎에 형성되는 것으로 보이며 내부에는 하나의 유충실이 있어 빨간 유충이 한 마리씩 들어있다. 1년 1세대로 3령 유충이 가을에 충영에서 낙하해 월동한다.(김왕규)

7월 14일

머루잎뾰족혹파리혹

1년 1세대의 혹파리가 형성하는 혹으로 잎의 앞뒷면에서 원뿔형으로 나온다. 성숙한 유충은 7월경에 혹을 탈출해 월동한다(김왕규).

7월 14일. *Schizomyia viticola*

조팝나무잎동글납작혹파리혹

5월 초에 희미하게 보이기 시작해 중순에는 확실하게 도드라지고 하순이 되면 유충이 탈출해 갈색으로 변한 혹이 많아진다. 잎 앞뒷면으로 부풀어 오르며 주맥 주변에 주로 분포한다. 탈출공은 잎 뒷면에 작게 생기며 1년 1세대 혹으로 유충은 한 마리씩 들어 있다.

5월 7일

5월 29일

6월 2일. 잎 뒷면의 유충 탈출공

6월 5일. 혹 내부의 유충

조팝나무잎가장자리혹파리혹

5월 초순에 보이기 시작하며 어린잎이 앞면 쪽으로 말려 비대해지고 황색 유충이 여러 마리 들어 있다. 하순에는 유충이 탈출해 갈색으로 변한다.

5월 20일. ×10

5월 21일

5월 28일. 인가목조팝나무에 발생한 혹

광대싸리잎가장자리혹파리혹

5월 중순에 발견했다. 잎가장자리가 앞면 쪽으로 길게 말려 들어가며 부풀고, 유충이 여러 마리가 들어 있다.

5월 28일. 잎 앞면

5월 28일. 잎 뒷면

땅비싸리잎혹파리혹

6월에 보인다. 잎 앞뒷면이 둥글게 부풀어 오르고 유충이 한 마리씩 들어 있다.

6월 24일

6월 24일   10월 7일

조록싸리잎접은혹파리혹

7~8월에 보이고, 유충은 다 자라면 혹을 탈출한다. 주맥을 중심으로 접히며 혹 안
에는 흰색 유충이 10마리 이상 엉켜 있다. 같은 혹 내에서도 유충의 발달 단계가
다르다.

8월 12일

8월 13일

조록싸리잎자루혹파리혹

8월에 발견했다. 줄기와 잎자루 연결부에서 부정형으로 부풀어 올랐고 안에는 황색 노숙 유충이 있었다.

8월 12일

8월 12일

8월 13일. 유충. ×20

싸리나무잎주맥혹파리혹

5월에 보인다. 주맥이 잎 뒷면으로 두껍게 비대해지고 여러 개가 연속으로 보일 때
도 있다. 유충은 붉은빛을 띠며 한 마리씩 들어 있다. 유충 탈출 시 위가 열린다.

5월 29일

5월 29일

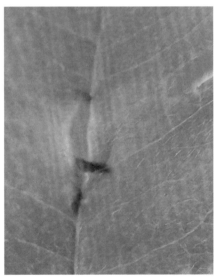

5월 29일

5월 29일

병꽃나무순혹파리혹

개머루 열매에서 출현한 성충에 의해 전년도 가을에 산란이 이루어지며 5월 초에 혹이 형성되기 시작해 점차 커지다가 5월 하순~6월 초에 성충이 나온다. 순에서 구형으로 나오며 지름 5~7㎜로 큰 편이고 완전 밀폐형이다. 혹에는 유충이 한 마리씩 들어 있다. 유충은 어릴 때 투명하다가 커가면서 황색을 띤다. 탈출 시에는 중앙에서부터 번데기 머리 부분에 있는 뿔로 혹 벽을 뚫고 나와서 우화한다.

5월 3일. 혹 내부의 유충

5월 27일. 번데기

5월 27일. 번데기

5월 31일. 탈피각

6월 2일. 병꽃혹파리(*Asphondylia diervillae*). *Asphondylia baca*와 같은 종임이 유전자 분석 결과 확인되었다(김왕규).

병꽃나무잎가장자리혹파리혹

5월 초순부터 6월 중순까지 보인다. 어린잎가장자리가 앞면 쪽으로 말려 들어가 붉은빛을 띠면서 커진다. 혹 안에는 움직임이 둔한 흰색 유충이 여러 마리 들어 있다. 다 자란 유충은 혹을 탈출해 땅으로 들어가는데 *Contarinia* 속의 특징인 도약 행동을 보인다.

5월 12일. *Contarinia* sp.

5월 24일

6월 11일

병꽃나무잎가장자리두꺼운혹파리혹

4월 중순에 시작해 6월 중순까지 보인다. 이후 유충은 충영을 탈출해 땅속에서 월동하는 것으로 알려졌다. 잎이 앞면 쪽으로 말려 들어간 형태로 말린 부위가 심하게 비대해진다. 혹 형성 초기에는 유충 확인이 어렵고 1주일 이상 진행되어야 유충 2~3마리가 들어 있는 것이 보인다. 유충은 흰색으로 움직임이 거의 느껴지지 않는다.

5월 3일. 혹 내부의 유충

5월 29일

232

보리수나무순긴혹파리혹

5월에 보인다.

5월 8일   5월 8일

백동백나무잎혹파리혹

이 충영의 기주식물은 백동백나무(*Lindera glauca*)이고 한반도의 남부와 대마도 일본 중부에서 발견된 기록이 있다.

5월 8일   5월 8일

노린재나무꽃봉오리혹파리혹

5월 하순부터 6월 초순 노린재나무 꽃이 피는 시기에 보이다가 6월 하순이 되면 떨어진다. 꽃이 지면 구별이 쉽다. 꽃봉오리에 생기는 혹으로 개화하지 못한다. 안에는 유충이 한 마리 들어 있다.

5월 22일. 혹 내부의 유충. *Asphondylia* sp.

5월 22일

6월 7일

쉬땅나무잎혹파리혹

5월 중순에 새로 형성되는 혹이 많고 6월 초순에 유충이 탈출해 빈 혹이 보이기 시작한다. 측맥 사이에서 길게 잎 윗면으로 융기하며 햇빛을 받으면 붉어진다. 유충은 어릴 때 투명하고 한 마리씩 들어 있다.

5월 28일

5월 28일

5월 28일. 잎 뒷면

6월 6일

6월 6일. 유충 탈출 후 갈색으로 변한 혹

난티개암나무잎혹파리혹

5월 초순에 보이기 시작해 새로 나오는 잎을 따라 올라가며 발생하고 6월이 되면 유충이 탈출해 갈색으로 변한 혹이 많다. 구형의 혹으로 돌기가 있으며 완전히 밀폐되지 않아서 유충이 혹 주변으로 기어 다닌다. 잎 앞면이나 뒷면에서 나오며 유충은 황색으로 여러 마리가 들어 있다.

5월 19일. 잎 앞면으로 나온 혹

5월 19일. 잎 뒷면으로 나온 혹

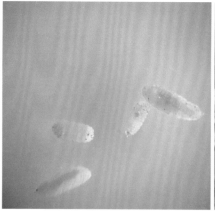

5월 25일. *Clinodiplosis corylicola* 유충. ×20

6월 6일. 유충 탈출 후 갈색으로 변한 혹

물참대잎털공혹파리혹

5월 중하순~6월에 보이며 6월 중순 이후에는 빈 혹이 많다. 혹은 잎 앞면이나 뒷면에 형성되며 흰 털로 둘러싸인 구형이고 성숙하면 자주색을 띠지만 짙지 않아 전 기간 희게 보인다. 주맥 주위에 밀집해 발생하는 경향이 있고 혹 중앙에 꼭지가 있어 유충 탈출 통로로 이용된다. 혹 마다 붉은빛 유충이 한 마리씩 들어 있다.

6월 14일

6월 14일

6월 14일. 잎 뒷면

6월 14일. 혹 밖으로 나오는 유충

바위말발도리잎혹파리혹

5월 초에 보이기 시작하고 5월 말~6월 초에는 애벌레가 탈출해 빈 혹이 된다. 붉은빛이 강하게 나며 잎 앞뒷면이 같은 비율로 부풀며 중앙에 꼭지가 있다. 애벌레가 어릴 때는 혹 안이 수액으로 가득하고 3령이 되면 붉은빛이 강해진다. 혹에 유충이 한 마리씩 들어 있다. 잎 전체에서 발생한다.

5월 28일

6월 6일

6월 9일. 혹 내부의 노숙 유충

6월 14일

6월 18일

고광나무순혹파리혹

5월에 발견했다. 순에 둥글고 크게 발생하고 자라지 못한 작은 잎이 붙는다. 붉은색 유충이 여러 마리 들어 있다.

5월 28일

5월 28일

느릅나무잎혹파리혹

5월에 보인다. 측맥이 잎 앞뒷면으로 길게 부풀어 오른다.

5월 28일

5월 28일

사철나무잎혹파리혹

8월 중하순 잎이 두꺼워졌을 때 두드러진 혹이 보이기 시작해 이듬해 4월 하순 잎
이 떨어질 때까지 보인다. 유충은 혹 안에서 3령 유충으로 월동하고 이듬해 4월 전
후에 번데기가 되었다가 중하순에 성충이 많이 나온다. 성충은 새로 난 잎 주위에
산란하고 알에서 깨어난 유충은 잎 조직 속으로 들어간다. 혹은 동글납작하며 안에
는 황색 유충이 한 마리씩 들어 있다. 겨울에 참새, 박새류가 유충을 먹으려고 찾
아온다.

3월 14일

4월 2일

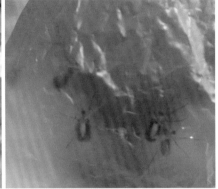

4월 26일. 짝짓기 중인 사철나무혹파리(*Masakimyia pustulae*)

5월 17일. 탈출공에 걸려 있는 탈피각

11월 19일

1월 6일. 어린 유충은 백색

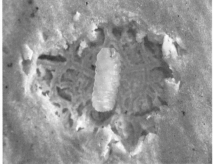

1월 18일. 노숙 유충은 황색

물푸레나무잎혹파리혹

5월 초에 나타나서 하순에 유충이 잎을 탈출한다. 맥을 따라 분포하며 잎 앞뒷면으로 둥글게 부풀고 가운데에 돌기가 있어 탈출 통로로 이용된다. 혹 속에 흰색 유충이 한 마리씩 들어 있다.

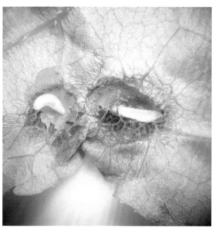
5월 24일. 혹 내부의 유충

5월 24일. 잎 앞면

5월 24일. 잎 뒷면

5월 30일. 탈출공

개회나무잎혹파리혹

5월에 보인다. 주맥을 따라 나오며 동글납작한 형태를 만들고 유충은 흰색으로 한 마리씩 들어 있다.

5월 30일

5월 30일

뽕나무잎맥혹파리혹

6~7월에 보인다. 주맥과 측맥에서 나오며 잎 뒷면 쪽으로 커지고 털 구조물로 싸여 있다. 혹 안에 유충이 여러 마리 들어 있으며, 노숙 유충일수록 붉은색이 짙다. 3령이 되면 잎 앞면이 벌어지면서 유충이 탈출한다.

6월 22일. 잎 앞면

6월 22일. 잎 뒷면

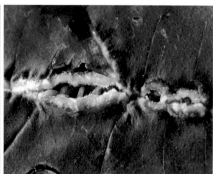

7월 13일. 잎 앞면이 벌어지는 모습

팽나무순혹파리혹

5월에 보인다. 순에서 둥글게 만들어지며 작은 잎이 붙기도 한다. 혹 안에는 유충방이 여러 개 있고 방마다 유충이 한 마리씩 들어 있다.

5월 12일. ×20

5월 8일

사람주나무순혹파리혹

4월 말에 순에서 나타나 점점 커지고 5월 중하순에 양성 성충이 출현한다. 지름 1 cm 내외의 둥글고 큰 혹이지만 유충은 한 마리씩 들어 있다. 기주식물을 바꿔서 2차 번식하는 것으로 알려져 있다.

5월 7일

5월 9일

5월 17일. *Asphondylia* sp. 수컷. ×20

5월 17일. ×20

키버들순꽃혹파리혹

7월 중순부터 나오고 겨울에 잎이 다 떨어져도 혹은 갈색으로 변한 상태로 곧게 달려 있다. 혹 속에는 등황색 유충이 한 마리씩 들어 있으며, 즙을 빨 때는 머리를 밑으로 향한 채 지내다가 3월 초가 되면 머리를 위로 하고 번데기가 된다. 성충은 3월 말에 나오고 빈 혹은 계속 달려 있다. 순에서 유충이 즙을 빨면 잎이 정상으로 자라지 못하고 다수의 작은 잎이 로제트형으로 나와 꽃처럼 보인다. 버드나무에서는 발생하지 않는다.

3월 17일

3월 17일. *Rabdophaga rosaria*

8월 26일

8월 26일

8월 26일

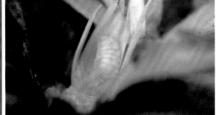

9월 15일

버드나무순공혹파리혹

5월 중순에 새순이 길게 부풀기 시작해 7월이 되면 공 모양으로 완성된다. 종령 유충으로 월동해 이듬해 3월 말~4월 초에 성충이 나와 새순에 산란한다. 혹 중앙에 주황색 유충이 한 마리씩 들어 있다. 버드나무, 용버들에서 나오고 키버들에서는 발생하지 않는다.

4월 2일. 수양버들혹파리(*Dasineura rigidae*)

5월 25일

5월 26일

250

5월 31일. 위에서 본 모습

7월 1일

7월 9일

10월 1일

버드나무순호리병혹파리혹

5월 하순부터 6월에 보인다. 다 자란 유충은 혹을 탈출하고, 그 후에 내부는 갈색
으로 변한다. 새순에서 잎이 여러 장 붙어서 밑이 넓고 위가 좁은 형태로 만들어진
다. 잎 사이사이에 유충이 여러 마리 들어 있다. 혹 표면이 붉어지는 경우도 있다.
버드나무, 키버들에서 발생한다. *Rabdophaga rosaeformis*가 형성하는 혹으로,
*Rabdophaga clavifex*가 형성하는 충영과 비슷하나 후자의 경우에는 충영 안에
유충이 한 마리씩 들어 있다.(김왕규)

6월 3일. 버드나무

6월 6일

키버들

느티나무잎측맥작은공혹파리혹

5월 중순에 나타난다. 측맥을 따라서 하나씩 생기며 잎 앞면으로 주로 나오지만 뒷면으로도 나온다. 혹 지름은 1~2㎜이며 유충이 한 마리씩 들어 있다.

5월 24일. 잎 앞면으로 나온 혹

5월 24일. 잎 뒷면으로 나온 혹

5월 24일. 혹 내부. ×30

아까시나무잎가장자리혹파리혹

1차 혹은 성엽에서 5월 중순부터 보이기 시작하고 유충은 5월 말에 번데기로 변하며, 6월 초에 혹 양쪽 끝으로 성충이 많이 나온다. 2차 혹은 6월 초 어린잎에서 1차 때보다 많이 나오지만 기생 당하는 경우가 많다. 8~9월에는 보이지 않다가 10월에 3차로 나타나 낙엽 질 무렵까지 보이며 유충이 자라지 못해 빈 혹이 많다. 혹 안에는 유충 1~4마리가 있으며, 어릴 때는 엉켜 있다가 번데기가 되기 전에 내부를 균등하게 분할하고 자리를 잡는다. 유충은 흰색으로 4㎜까지 커지며 3령이 되면 머리 부분부터 황색으로 변한다.

5월 22일

5월 27일. 번데기가 되기 직전에는 먹지 않는다.

5월 27일. 번데기가 되기 직전에는 먹지 않는다.

6월 3일. 성충 출현

6월 6일

6월 8일

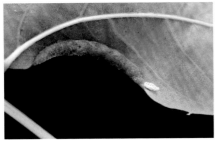

6월 8일. 탈피각

6월 10일. *Obolodiplosis robiniae* 수컷. ×20

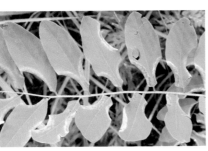

7월 4일

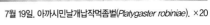

7월 19일. 아까시민날개납작먹좀벌(*Platygaster robiniae*). ×20

10월 3일

10월 26일. 잎 뒷면

신갈나무잎혹파리혹

4월 하순부터 5월에 보인다. 5월 중순이 되면 유충이 탈출해 갈색으로 변한 혹이 많다. 잎 앞면에서 붉은 무늬가 나타날 때가 많고 잎 뒷면에 혹이 두드러진다. 주맥에 붙어서 줄지어 나오는 경우도 있다. 혹 하나에 흰색 유충 2~3마리가 들어 있다. 갈참나무, 졸참나무, 떡갈나무, 신갈나무에서 발생한다.

4월 29일. 떡갈나무

5월 3일

5월 4일

5월 8일

5월 8일

5월 8일. 혹 속의 유충

5월 14일. 신갈나무

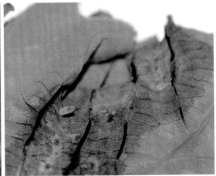

5월 16일. 유충 탈출

신갈나무잎접은혹파리혹

4월 중순에서 5월 초순에 보이며 혹 안에 유충 20~30마리가 엉켜 있다. 다 큰 유충은 혹을 탈출해 땅 속으로 들어갔다가 이듬해 3월 우화해 물이 오른 눈에 산란한다. 유충은 1령일 때는 미색을 띠고 점차 주홍색을 강하게 띤다. 주맥을 중심으로 접히면서 각 측맥이 부풀어 긴 혹이 되는데 변형이 많이 나온다. 갈참나무, 졸참나무, 신갈나무, 떡갈나무에서 발생한다.

3월 28일. 산란 중인 성충

5월 3일. 신갈나무

5월 3일

5월 3일. 갈참나무

5월 6일. 혹 내부

5월 3일. 잎 앞면으로 나온 혹

5월 8일. 졸참나무

신갈나무잎가장자리뒤접은혹파리혹

4월 하순에 나타난다. 잎 끝이 뒷면 쪽으로 접힌다. 갈참나무, 졸참나무, 떡갈나무에서도 나온다.

5월 14일. 신갈나무

5월 14일. 뒷면으로 접힌 혹과 뒷면으로 말린 혹

5월 19일. 혹 내부의 유충

5월 26일. 유충 탈출 후 갈색으로 변한 혹

신갈나무잎가장자리앞접은혹파리혹

4월 말부터 보이기 시작해 5월 10일 전후로 많고 6월 초순에는 빈 혹이 대부분이다. 잎가장자리가 앞면이나 뒷면으로 엉성하게 접히며, 큰 혹에는 유충이 여러 마리 들어 있다. 혹 내부는 흑자색을 띨 때가 많다. 유충은 어릴 때 투명하고 노숙 시에는 황색을 띤다. 갈참나무, 졸참나무, 신갈나무, 떡갈나무에서 볼 수 있다.

5월 3일. 떡갈나무

5월 6일. 갈참나무

5월 14일. 졸참나무

신갈나무잎가장자리앞말린혹파리혹

5월 초부터 보이고 6월 중순 이후에는 빈 혹이 많다. 잎이 앞면으로 말려 들어가며 그 안에 유충이 여러 마리 들어 있다. 갈참나무, 졸참나무, 신갈나무에서 보인다.

5월 3일. 신갈나무

5월 10일. 졸참나무

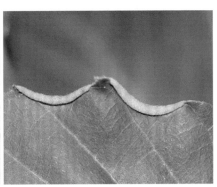

5월 19일. 졸참나무

신갈나무잎가장자리단단히접은혹파리혹

4월 말에 나타난다. 혹은 낙엽 시까지 그대로 유지되고 유충은 혹 안에 들어 있다. 잎자루 가까운 쪽과 거치가 파인 부분에서 주로 발생하며, 잎 앞면으로 반달 모양으로 접히고 끝이 단단하게 붙는다. 노숙 유충은 황색을 띠고 갈참나무, 졸참나무, 신갈나무, 떡갈나무에서 발생한다.

5월 25일. 떡갈나무 (자료 제공: 김왕규)

5월 21일. 졸참나무 (자료 제공: 김왕규)

5월 4일. 신갈나무

알 (자료 제공: 김왕규)

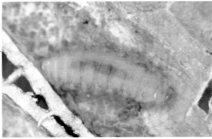

3령 유충 (자료 제공: 김왕규)

5월 16일

5월 26일

신갈나무잎가장자리뒤말린혹파리혹

신갈나무 잎가장자리가 뒷면 쪽으로 말린다. 갈참나무, 졸참나무에서도 보인다.

5월 12일 뒷면 쪽으로 말린 잎

귀룽나무잎접은혹파리혹

4월 하순부터 혹이 불거지기 시작해 점점 커지다가 5월 중순 유충이 탈출하면 빈 혹이 되어 갈색으로 변한다. 혹 안에는 흰색 유충이 20~30마리 들어 있고 최성기에는 수분이 흥건하게 고여 유충이 둥둥 떠 있다. 주맥을 중심으로 접히며 혹의 윗부분은 복주머니형으로 붙는다. 차상위 잎에서 주로 나오고 양쪽 옆은 엉성하게 닫혀 있다. 2010년 이후 크게 늘고 있다.

5월 7일

4월 28일. 혹 내부의 유충

5월 15일. 갈색으로 변한 혹

상수리나무잎자루혹파리혹

5월 중순부터 나타나기 시작해 낙엽 질 때까지 유지된다. 잎자루와 주맥 주위에 주로 분포하고 혹 안에 유충이 한 마리씩 들어 있다. 혹 여러 개가 붙는 경우도 있다. 굴참나무에서도 발생한다.

5월 21일

5월 29일. 굴참나무

5월 31일. 붉은빛을 띠는 혹

7월 13일. 혹 내부의 유충. ×20

8월 1일. 잎 뒷면

상수리나무잎측맥혹파리

5월 초부터 6월까지 보인다. 6월 중순이 되면 잎 앞면 쪽이 열려 종령 유충이 혹을 탈출해 땅 속으로 들어가고 혹은 갈색으로 변한다. 각 측맥이 뒷면 쪽으로 길게 늘어나며 잎 전체는 앞면 쪽으로 단단하게 붙는다. 혹 안에 흰색 유충이 10~15마리 들어 있으며 초기에는 수액으로 차 있다가 점차 건조해진다. 굴참나무에서도 나오고, 잎 앞면으로 혹이 솟는 경우도 있다.

5월 4일. 시작 단계

5월 8일

5월 12일. 굴참나무 잎 앞면 쪽으로 발생

5월 18일. 붉은빛을 띠는 혹

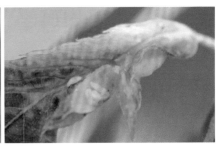

5월 18일. 혹 내부의 유충

5월 22일

5월 23일. 유충 확대

6월 11일. 혹에서 나온 기생벌

6월 11일. 혹에서 나온 기생벌

6월 11일. 혹에서 나온 기생벌

8월 2일. 혹 윗면이 열려 유충이 탈출하고 갈색으로 변한 혹

참식나무잎혹파리혹

주로 1년 1세대로 5월에 성충이 출현하는데, 2년 1세대인 개체도 있다. 1령기가 매우 길어 충영이 가을에 형성된다. 유충은 3령으로 월동한다. 2년 1세대 개체는 가을가지에서 1령으로 보낸다. 잎 앞면이나 뒷면으로 돌출하며 노숙 유충은 황색 이다.

5월 7일. *Pseudasphondylia neolitseae*

5월 7일. *Pseudasphondylia neolitseae*

후박나무잎뒤혹파리혹

6월부터 부풀어 오르기 시작하고 가을에 2령 유충이 되어 겨울을 난다. 이듬해 3령 유충으로 자라고 번데기가 되었다가 4월 하순~5월 중순에 성충이 나온다. 성충은 잎 뒷면 주맥에 산란하며, 알은 7~10일 후 부화해 1령 유충이 되어 잎 조직으로 들어간다. 그러면 잎 앞면은 약간 황색으로 두드러지고 잎 뒷면에는 작은 사과 모양 혹이 생긴다. 1년 1세대가 대부분이나 경우에 따라 2년 또는 3년이 걸릴 수도 있다. 기생벌이 나오는 경우가 대단히 많아 벌혹으로 오인되는 경우가 있다. 혹 중앙에 가늘고 긴 유충 방이 있고 그 속에 유충 한 마리가 들어 있다. 남부지방 녹나무류에서 볼 수 있다.

8월 5일. 기생벌 유충

8월 5일(자료 제공: 곽정심). *Daphnephila machilicola*

팥배나무잎혹파리혹

4월 말부터 5월에 보인다. 5월 중순이 되면 혹이 벌어져 유충이 탈출한다. 잎 앞뒷면으로 만들어지며, 앞면 쪽으로 불거질 때는 측맥과 측맥 사이로 나오고, 뒷면 쪽으로 나올 때는 측맥에서 불거진다. 혹 하나에 유충이 1~2마리씩 들어 있다. 유충은 어릴 때는 흰색이다가 점점 황색이 짙어진다.

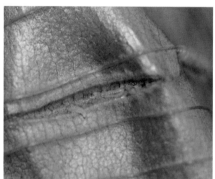

4월 28일

4월 28일

4월 28일

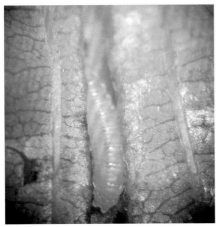

5월 6일. 혹 안의 유충

5월 17일. 유충. ×20

5월 14일. 벌어진 혹

벌혹

●　　●　　●

벌혹에는 혹벌혹과 잎벌혹
이 있다. 완전 밀폐형 혹으
로 지름 2~5㎜의 작은 혹
이 대부분이고 목본에서만
발생한다. 참나무류에서 나
오는 혹은 봄에는 수꽃이나
잎에서 단성세대 성충을 만
들어 번식하고 가을에는 줄
기, 가지, 잎맥에서 양성세
대 성충을 만들며 세대교번
을 하는 종류가 많다.

참나무잎구겨지는혹벌혹

4월 중순부터 어린잎에서 하나씩 발생한다. 5월 1일에 성충이 출현했다. 측맥 사이에서 주로 형성되며 3㎜ 내외 구형으로 혹 전체가 갈색을 띤다. 혹 주위의 잎이 자라지 못해 기형 잎이 된다. 갈참나무, 졸참나무, 신갈나무, 상수리나무, 굴참나무에서 발생한다.

4월 29일

4월 30일

5월 3일. *Neuroterus* sp.

5월 4일. 상수리나무

5월 13일. 기생벌

6월 14일. 상수리나무. ×15

7월 17일

졸참나무잎앞뒤볼록혹벌혹

4월 하순 어린잎에서 많이 보이고 5월 5일 전후 번데기, 5월 8일 전후로 성충이 많이 나온다. 혹은 잎의 앞뒷면에서 같은 크기로 생기며 그 안에 유충 방이 이중으로 있다. 성충이 나가도 빈 혹은 가을까지 남아 있다. 갈참나무, 졸참나무에서 많이 보인다. 2014년 5월 1일 빈 혹이 많았다.

4월 25일

4월 28일   5월 7일

5월 8일. *Andricus* sp. 성충 암컷과 수컷

5월 8일

5월 12일. 탈출공

5월 21일. 갈색으로 변한 혹

갈참나무잎주맥뒤혹벌혹(신갈마디혹벌혹)

4월 중순 잎이 나기 시작하면서 혹이 보인다. 4월 하순에 많이 보이고 혹 안에는 유충 방이 가운데 빈 공간을 두고 둥글게 배치되어 있는데 5월 10일 경에 번데기가 되었다가 5월 20일 경 양성의 성충이 나온다. 탈출공은 하나만 생긴다. 5월 초에 기생벌이 산란하는 모습을 볼 수 있다. 갈참나무, 신갈나무에서 보인다.

4월 22일

4월 26일   4월 26일

4월 29일. 수액이 밖으로 나온 혹

5월 2일

5월 13일. 혹 내부. ×20

5월 22일. 신갈마디혹벌(*Aphelomyx cripulae*)
암컷과 수컷. ×15

갈참나무잎이중방혹벌혹

4월 하순에 보이기 시작한다. 5월 중순이면 양성의 성충이 출현한다. 잎 앞뒷면이 공 모양으로 부풀며 혹 안에는 갈색 둥근 방이 있다. 성숙한 혹 위에는 붉은 무늬가 보인다. 혹 안에 유충이 한 마리씩 들어 있고 탈출공은 앞면이나 뒷면에 생긴다. 갈참나무, 졸참나무에서 보인다.

5월 3일

5월 4일

5월 4일

284

5월 8일

5월 8일

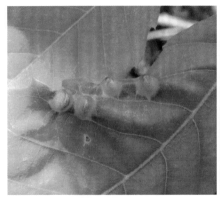

5월 8일

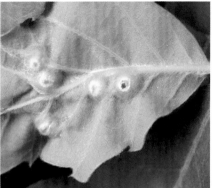

5월 19일. 탈출공

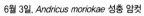

6월 3일. *Andricus moriokae* 성충 암컷

6월 14일. ×20

신갈나무잎뒤혹벌혹

4월 말부터 5월 초순에 많이 보인다. 외형이 다 자라 혹이 밑으로 빠지면 잎에는 흔적이 미미해진다. 떨어진 혹에서는 7~10일 후에 성충이 나온다. 혹은 구슬 모양으로 앞면으로는 살짝 부풀고 뒤쪽으로 크게 형성되며 흰색을 띤다. 혹 하나에 유충이 한 마리씩 들어 있고 갈참나무, 떡갈나무, 졸참나무에서 발생한다.

4월 30일

5월 7일. 떡갈나무 잎 앞면

5월 7일

5월 7일. 떡갈나무 잎 뒷면

5월 8일. 졸참나무

5월 12일. 성충 암컷

5월 12일. 떡갈나무 혹 내부

6월 14일. ×15

6월 14일. 성충 암컷과 수컷. ×30

갈참나무잎방세개혹벌혹

5월 초에 잎 앞면이 볼록해지면서 시작된다. 5월 중순이 되면 많이 보이고 하순에 성숙한 혹이 되면 적갈색 테두리가 생긴다. 6월 초순부터 양성의 성충이 출현한다. 봄에 참나무 잎에서 나오는 혹벌혹 중에서 가장 늦게까지 볼 수 있다. 자세히 보면 방이 2~3개로 나뉘어 있다. 탈출공은 각각 만들고 나온다. 갈참나무에서만 보인다.

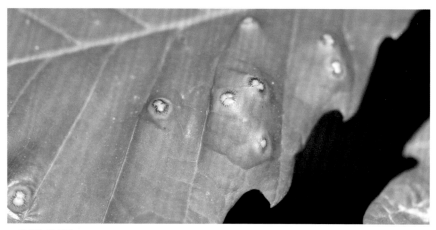

5월 9일. 잎 앞면

5월 19일. 잎 뒷면. 산란 중인 기생벌

5월 24일

5월 26일. 혹 내부의 번데기

6월 10일. 성충 암컷과 수컷. ×20

6월 11일. 탈출공

갈참나무잎꼭지혹벌혹

4월 하순부터 혹이 시작되어 5월 초순이 되면 큰 혹(지름 1.5㎝)이 눈에 띈다. 5월 하순에 성충이 출현하기 시작하며, 수컷이 1~2일 먼저 나와서 혹 위에 앉아 있는 모습을 볼 수 있다. 초기에는 어린 가지와 잎자루가 연결되는 부위에서 나오는 것처럼 보이다가 커지면서 잎과 잎자루가 연결되는 부위에 주로 보인다. 잎 앞면이나 뒤로 부풀어 구형 혹이 생기며 꼭지가 있다. 혹 안에는 방이 여러 개 있고 각 방에 유충이 한 마리씩 들어 있다. 외형상 탈출공은 꼭지 부분에 하나만 생긴다. 성충이 탈출한 뒤에도 혹이 계속 유지되고 빈 혹은 개미가 이용하거나 딱정벌레의 월동장소로 이용된다.

4월 28일

4월 30일. 혹 밖의 수액을 먹기 위해 온 노린재

5월 13일. 혹 내부

5월 22일

6월 3일. 탈출공

6월 1일. 성충 암컷. ×20

상수리나무수꽃봉오리혹벌혹

4월 하순 수꽃이 늘어질 때 여러 개의 꽃봉오리가 혹이 되어 커지면서 덩어리지고 털에 쌓여 솜덩어리처럼 보인다. 혹 내부는 자갈색을 띠고 유충은 한 마리씩 들어 있다. 5월 하순에 양성 성충이 나온다.

5월 28일

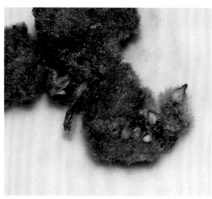

5월 28일

5월 28일. 성충 암컷

신갈나무잎구겨지는혹벌혹

4월 중순 어린잎이 펴지기 시작하면서부터 보이고 혹 형성 20일 후인 4월 말~5월 초 양성 성충이 나온다. 혹 여러 개가 같이 생기고 혹 윗면은 납작하며 혹 주위의 잎이 심하게 구겨진다. 신갈나무, 갈참나무에서 주로 보인다.

4월 16일

4월 22일

4월 26일

4월 30일

갈참나무잎주맥밑공혹벌혹

5월 초순에 발생하고 성충은 6월 초순에 출현한다. 주맥 부근에서 잎 앞뒷면으로 부풀며 작은 공 모양 혹이 나온다. 갈참나무잎동그란혹벌혹과는 형태가 다르고 성충도 다른 종이 나온다.

5월 6일

5월 6일

6월 11일

6월 11일

9월 6일. 탈출공

6월 11일. 성충 암컷

신갈나무잎주맥혹벌혹

4월 중순 어린잎이 퍼지면서 혹도 함께 커지고, 5월 말~6월초에 성충이 나온다. 혹 모양은 부정형이며 주맥의 앞면과 뒷면에서 부푼다. 안에는 유충 방이 여러 개 있고 탈출공은 각각 만든다. 양성세대 혹이며 기생벌도 많이 나온다. 갈참나무가 지끝혹벌혹의 양성세대이며 신갈나무, 졸참나무에서도 발생한다.

4월 17일. 초기 형태

4월 26일. 졸참나무

4월 27일. 신갈나무 잎 뒷면

5월 13일

6월 3일. 성충 암컷과 수컷

6월 8일. 기생벌

6월 15일. 탈출공

갈참나무잎자루복숭아혹벌혹

5월 중순에 혹이 나타나 6월 초순에 갈색으로 변한 혹이 낙하한다. 성충이 3월에 우화해 잎눈에 산란하면 새로운 혹이 형성된다. 1년 1세대로 혹 안에 유충이 한 마리씩 들어 있다. 잎자루와 잎의 연결 부위에서 발견된다.

5월 27일

6월 3일

6월 7일. 갈색으로 변한 혹

갈참나무잎동그란혹벌혹

5월 초에 보이기 시작하고 5월 말~6월 초부터 양성 성충이 출현한다. 잎 앞뒷면이
같은 모양으로 부풀어 올라 작은 공 모양이 된다. 잎자루, 주맥 주위에서 나오고
혹 안에는 유충이 한 마리씩 들어 있다.

5월 3일. 잎 뒷면

5월 22일

5월 4일. 잎 앞면

6월 1일

6월 11일. ×30

갈참나무잎주맥위혹벌혹

5월 초 주맥 위에서 둥근 형태로 나오고 하순에 성충이 출현한다. 혹 안에 유충이 한 마리씩 들어 있다. 갈참나무잎주맥앞뒤혹벌혹과는 혹이 붙는 위치와 형태, 발생시기가 다르다.

5월 6일   5월 20일

5월 20일. 산란 중인 기생벌

갈참나무눈혹벌혹

눈이 정상보다 2~3배 커진다. 성숙한 혹은 땅으로 떨어져 유충이나 번데기로 월동하고 이듬해 4월 양성 성충이 나온다.

5월 10일

갈참나무묵은줄기흰구슬혹벌혹

묵은 줄기에서 흰색 구슬혹이 단독으로 나왔다. 관찰된 구슬혹 중 줄기에서 나온 것으로는 유일하다.

5월 10일

상수리나무순혹벌혹

5월 초순에 보이고 6월 초에 양성의 성충이 나온다. 짝짓기 한 암컷은 어린 가지에
산란하고 여기에서 상수리나무가지혹벌혹으로 단성세대를 지낸다. 성충이 나간 혹
은 갈색으로 변한 상태로 계속 유지되고 순이 정상으로 성장하지 못해 혹 주위에
잎이 여러 장 돌려난다. 굴참나무에서도 같은 형태로 나온다.

5월 8일

5월 12일. 혹 내부의 유충

5월 21일. 어린 혹

5월 29일. 굴참나무

5월 30일. 혹 내부의 유충

10월 8일. 갈색으로 변한 혹

상수리나무잎뒤흑자색혹벌혹

4월 말 어린잎이 커지기 시작할 때 발생해 5월 중순까지 보인다. 초기에는 흰색이었다가 커지면서 붉은빛을 띠고 성숙하면 흑자색을 띤다. 흑자색을 띠면 단단해져 밑으로 빠지고 잎에는 동그란 구멍이 남는다. 6월 초순에 양성 성충이 출현한다. 작은 타원형 혹으로 유충이 한 마리씩 들어 있다.

5월 3일. 잎 뒷면

5월 13일. 혹이 빠진 자리

5월 15일

5월 23일. 잎 앞면. ×10

굴참나무잎혹벌혹

4월 말에 보이고 5월에 성충이 출현한다. 잎 앞면은 잎과 같은 색으로 부풀고 뒷면
은 불투명한 흰색을 띠며 탈출공은 뒷면에 생긴다.

5월 27일. 잎 앞면

5월 29일. 잎 뒷면의 탈출공

굴참나무잎뒤원반혹벌혹

4월 중순에 혹이 형성되고 5월 초에 성충이 나온다. 잎 앞면은 조금 부풀어 오르고 잎 뒷면은 흰색 원반 모양이 되며 탈출공은 뒷면 가운데 생긴다. 이 혹이 발생하면 잎이 심하게 휜다.

5월 8일. 잎 뒷면

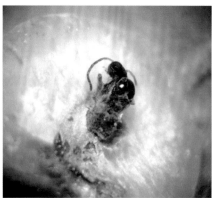

5월 8일. 혹에서 나오는 성충. ×20

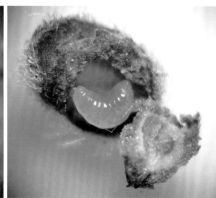

5월 8일. 혹 내부의 유충

굴참나무잎측맥혹벌혹

9월 초에 보였으며 혹 표면에 굴곡이 있다. 내부에 유충 방이 있고 유충이 한 마리씩 들어 있다. 상수리나무에도 발생한다.

9월 4일

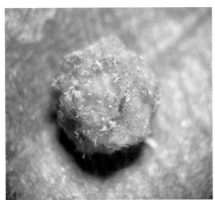

9월 4일. 혹 표면. ×20

9월 4일. 혹 내부. ×20

참나무순사과혹벌혹(참나무순혹벌혹, 갈떡혹벌혹)

4월 하순부터 보이기 시작하고 5월 중순까지 외형이 커지며, 지름 최대 7㎝까지 커지기도 한다. 5월 하순이 되면 갈색으로 변하고 그 후 1주일 정도 지나 성충이 출현한다. 양성 성충이 각각의 탈출공을 만들고 나오며, 수컷이 1~2일 먼저 나온다. 짝짓기를 마친 암컷이 잔뿌리에 산란하면 작은 혹이 발생하며 겨울이 지나고 이듬해 큰 혹으로 자란다. 겨울에 날개 없는 암컷이 출현해 잎눈에 산란한다(단성 세대). 봄이 되면 혹이 형성되어 눈에 띄는데, 햇빛을 받으면 붉은빛이 강하게 돌고 혹 안에 유충 여러 마리가 각각의 방에 들어 있다. 기생벌이 여러 종 나온다. 갈참나무, 신갈나무, 떡갈나무, 굴참나무에서 발생한다.

4월 28일

5월 5일

5월 12일. 혹 내부

5월 27일

6월 5일. *Biorhiza nawai* 성충 수컷과 암컷. 3mm. ×20.

6월 5일. *Biorhiza nawai*. 성충 수컷과 암컷 3mm. ×20.

상수리나무잎맥뽀족혹벌혹

5월 중순부터 나타나며 드물게 9월까지 보이고, 혹이 생성된 후 한 달 정도면 갈색으로 변해 떨어진다. 잎 윗면으로 올라오며, 초기에는 통통하다가 시간이 지날수록 뾰족해진다. 주맥에서 나오는 혹이 많지만 측맥에서도 나오며, 잎 뒷면으로 돌출되는 것도 있다. 혹 안은 비어 있고 투명한 유충이 한 마리씩 들어 있다.

5월 22일

5월 26일

5월 26일. 초기 형태

6월 4일

6월 17일. 잎 뒤로 나온 모습

9월 8일

상수리나무잎구슬혹벌혹

1년에 2회 발생하며, 1차는 5월 하순부터 6월에 생겨 7월 초순에 땅으로 떨어지고 성충은 7월 말에 출현한다. 2차는 8~9월에 생기며, 낙엽에 붙어 같이 떨어지는 경우가 많다. 성충은 12월 말~1월 초에 나온다. 측맥에 주로 형성되지만 주맥에서도 발생한다. 잎 뒷면에 붙는 혹은 초기에는 흰색이며, 혹이 다 커지면 황색으로 변했다가 갈색으로 바뀐다. 붉은색이 강한 구슬 혹이 잎 위에 붙는데 다른 종일 가능성이 있다. 2차 성충은 단성세대로 몸집이 크고 날개가 없으며, 수꽃 눈에 산란해 양성세대를 지낸다. 기생 당한 혹은 나뭇잎에서 떨어지지 않는다.

6월 28일

7월 10일. 낙하한 혹

8월 1일. 기생 당한 혹

8월 13일

8월 16일

11월 4일. *Aphelonyx acutissimae*. ×10

11월 4일. 기생벌. ×10

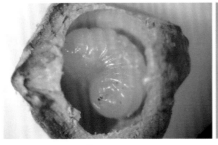

12월 23일. 혹 4㎜, 유충 3㎜.

12월 23일. 혹 4㎜, 번데기방

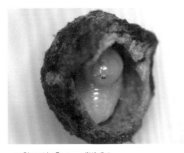

12월 23일. 혹 4㎜, 애벌레 3㎜.

1월 3일. 성충 출현

참나무순꽃혹벌혹

5월 하순 갈참나무 순에서 보이기 시작해 6월~9월까지 신갈나무, 졸참나무, 굴참나무 등에서 지속적으로 나타난다. 발생 한 달 정도 후의 혹 내부에서 타원형 유충방이 보이고 점차 단단해진다. 목질화된 유충 방은 위로 쑥 밀려 올라오며 땅으로 떨어져 겨울을 지내고 이듬해 성충이 출현한다. 순에서 크게 자라지 못한 잎이 돌려나서 꽃처럼 보인다. 혹 안에 유충이 한 마리씩 들어 있다. 흔하게 보이지만 빈 혹이 대부분이고 유충 방이 떨어진 후에 갈색으로 변한 혹은 이듬해까지 계속 달려 있다.

6월 24일

6월 28일. 신갈나무

7월 5일

7월 22일

7월 29일. 졸참나무

7월 30일. 혹 내부에서 밀려 올라온 유충 방

8월 18일. 혹 내부의 유충 방

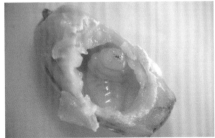

8월 21일. 혹 내부의 유충

10월 2일. 떡갈나무

갈참나무잎겨드랑혹벌혹

혹 벽이 두껍고 목질화되어 있으며 유충이 한 마리 들어 있다. 잎자루와 줄기 사이에서 발생한다.

9월 2일

9월 4일

9월 4일. ×20

갈참나무가지총포혹벌혹(참나무혹벌혹)

6월 중순에 발생해서 녹색의 외형이 커지며 8월 이후에는 갈색으로 변한 혹이 많다. 11월 말부터 혹이 갈라지면서 성충이 출현하기 시작한다. 어린 나무에서 무리지어 나타나는 경우가 많다. 혹은 지름 2㎝ 내외로 크며 암컷 단성세대로 출현한 성충은 겨울눈에 산란한다. 혹 안에는 작은 타원형 유충 방이 있고 유충이 한 마리씩 들어 있다. 갈참나무, 떡갈나무, 졸참나무에서 발생한다.

7월 18일. 혹 내부

7월 28일

11월 25일. 혹 내부의 타원형 유충 방

11월 30일. *Cynips mukaigawae*

상수리나무줄기가시털혹벌혹(어리상수리혹벌혹)

7월 중하순에 어린 혹이 눈에 띄기 시작하고 9월 이후에는 갈색으로 변한 혹이 많다. 혹 안의 유충은 10월에 번데기가 되었다가 11월 말부터 성충이 출현한다. 암컷 단성세대로 꽃눈에 산란해 양성세대로 번식한다. 상수리 새 줄기에서 털이 난 총포로 싸인 둥근 형태로 발생하며 혹 안에 유충 방이 있는 이중구조로 되어 있다. 혹 여러 개가 연달아 붙는 경우가 많다. 유충은 한 마리씩 들어 있지만 기생벌, 더부살이혹벌 등이 유충 방과 외피 사이에 산다. 빈 혹은 가지에 그대로 남아 있어 개미, 딱정벌레, 거미 등의 월동장소로 이용된다. 굴참나무가지둥근혹벌혹과 같은 시기에 나온다.

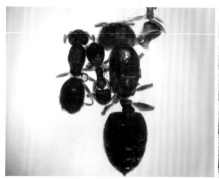

5월 25일. 빈 혹에서 생활하는 개미

7월 5일. 빈 혹 내부의 개미와 개미 알

8월 20일

9월 4일. 중앙의 유충과 주변의 기생자들

10월 4일

10월 6일. 빈 혹 내부에서 월동 중인 딱정벌레

10월 16일. 더부살이혹벌 수컷과 암컷

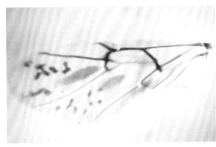

10월 16일

10월 16일. 어리상수리혹벌(*Trichagalma serratae*). ×10

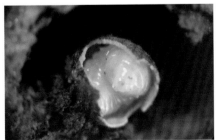

11월 1일. 혹 내부

11월 6일. 빈 혹에서 생활하는 개미

갈참나무열매비늘혹벌혹

6월 말 열매가 보이기 시작할 때 열매가 맺힐 자리나 열매 깍정이에 붙어서 형성된다. 1년 1세대이며 성숙한 혹은 땅으로 떨어지고, 유충으로 월동한 뒤 이듬해 봄에 성충이 나온다. 혹 안에 유충은 한 마리씩 들어 있다. 외피 안에 다시 유충 방이 있는 이중형이 아니고 비늘형 총포 안이 바로 유충 방이다. 졸참나무에서도 발생한다.

6월 30일. 졸참나무

7월 30일

8월 7일

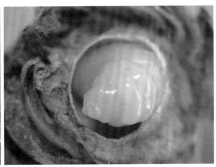

8월 21일. 기생 당한 흔적

10월 31일

11월 1일. *Synergus* sp. ×20

갈참나무줄기혹벌혹

7월 하순에 발생하기 시작해 10월 중순 이후에는 땅으로 떨어진다. 가지가 잘린 상처처럼 수액이 흐르는 자리에서 잘 발생한다. 붉은색을 띠는 혹이 많고 밖으로 수액이 나와 개미가 많이 찾아온다.

5월 6일

6월 11일. 혹 밖으로 나온 수액을 먹기 위해 온 개미

7월 26일

8월 9일

9월 9일

9월 20일

갈참나무잎주맥앞뒤혹벌혹

8월 중순에 보이기 시작해 단기간에 많아졌다가 10월 초순부터 갈색으로 변해 떨어지기 시작한다. 혹은 지름이 3㎜ 내외로 둥근 형태이며 연속으로 붙고 유충이 한 마리씩 들어 있다. 주맥을 파고들어 혹이 생기며 떨어지면 흔적이 깊이 남는다. 암 컷 단성세대로 겨울에 성충이 출현한다. 갈참나무에 많고 신갈나무, 졸참나무에도 있다.

7월 21일

8월 12일

8월 21일   8월 21일

8월 25일. 신갈나무에 발생   9월 8일

갈참나무가지끝혹벌혹

8월 초에 눈에 띄기 시작하고 9월 말이 되면 탈출공이 많이 보인다. 가지 끝에 일
정하지 않은 크기로 많이 붙는다. 초기에는 초록색인데 이때 혹 밖의 수액을 먹기
위해 개미가 많이 온다. 성숙하면 갈색으로 변하고 성충이 탈출한 후에도 혹은 계
속 붙어 있다. 혹 육에 같이 사는 더부살이혹벌이 있고, 기생벌도 여러 종류가 나
온다. 신갈주맥혹벌혹의 단성세대다. 갈참나무, 졸참나무, 신갈나무에서 보인다.

8월 12일. 수액을 먹기 위해 온 개미들

8월 14일. 졸참나무

9월 4일. 혹 내부의 혹벌과 더부살이혹벌

10월 15일. 더부살이혹벌 성충. ×20

10월 15일. 기생벌

10월 15일. 기생벌

10월 15일. 더부살이혹벌 유충

10월 15일. 혹벌 암컷

10월 15일. 기생 당한 혹벌 유충과 더부살이혹벌 유충

12월 24일. 기생벌. ×20

12월 24일. 기생벌

12월 24일. 기생벌

신갈나무잎구슬혹벌혹

4월 하순~10월 하순까지 지속적으로 보인다. 성충은 혹 발생 후 한 달 정도 지나서 나오며, 암컷이 나오는 혹도 있고 수컷이 나오는 혹도 있다. 늦가을에는 암컷이 많이 나온다. 지름 5㎜ 이내의 혹으로 구슬 모양이 대부분이나 가을에는 찌그러진 형태로도 나온다. 안에 유충이 한 마리씩 들어 있다. 흰색으로 나와서 갈색으로 변하는 혹(주로 잎 뒷면)과 처음부터 붉은 혹(잎 앞면)이 있다. 측맥에 주로 붙지만 주맥에서도 발생한다.

6월 15일

6월 26일

7월 13일. 기생벌

7월 18일

7월 18일

8월 6일. *Andricus noli-quercicola*

8월 23일

12월 30일

5월 8일. 기생벌

신갈나무순호리병혹벌혹

7월 하순에 발견했으며 유충이 여러 마리 엉켜 있었고 8월 하순에 성충이 나왔다. 순에서 호리병 형태로 한 개씩 형성된다.

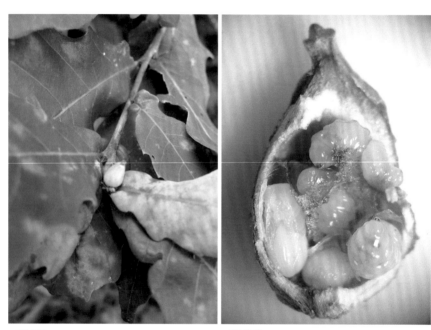

7월 22일

7월 30일

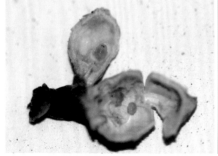

8월 19일

8월 28일. *Neuroterus moriokensis*. ×20

굴참나무가지혹벌혹

10월 하순에 발견했다. 내부에 유충 방이 여러 개 있다.

10월 25일. 혹 내부

10월 25일. 혹 표면

굴참나무가지등근혹벌혹

어린 가지에서 7월 중순부터 형성되기 시작해 가을까지 외형을 키운 후, 갈색으로 변한 혹이 나무에 달린 상태로 있다가 12월 말경 성충이 출현한다. 혹은 지름 2㎝ 내외의 큰 구형이며, 내부에 타원형 유충 방이 있는 이중구조다. 유충 방과 외피 사이는 거의 차 있고 여기에 기생벌, 나무좀류, 더부살이혹벌 등이 살다가 혹벌 출현시기보다 빠른 8월 중순~11월 중순에 성충이 나온다. 성충이 나간 후에도 빈 혹은 나무에 계속 달려 있으면서 여러 곤충들의 월동장소로 이용된다.

2월 25일

8월 17일. 초록빛을 띠는 초기 혹

8월 19일

10월 12일. 혹 내부의 유충

10월 16일. 더부살이혹벌 암컷과 수컷

12월 27일

12월 27일. *Andricus kollari* 성충 암컷

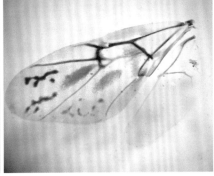

12월 27일. *Andricus kollari* 성충의 날개

상수리나무잎주맥털혹벌혹

7월 하순에 발생하기 시작하며 8월 하순에 갈색으로 변해 땅으로 떨어진다. 성충은 겨울에 출현해 줄기나 잠아에 산란한다. 주맥 옆으로 혹 여러 개가 연이어 발생하고 털처럼 보이는 돌기로 덮인다.

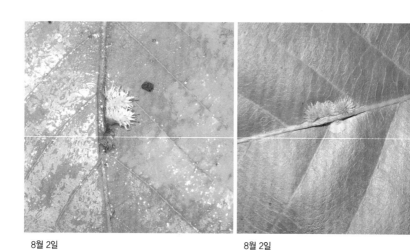

8월 2일

8월 2일

8월 28일. 갈색으로 변한 혹

11월 6일. 혹이 떨어진 자리. ×20

상수리나무잎위털동글납작혹벌혹

8월 하순에 보이기 시작해 10월이면 외형이 다 커서 낙엽과 함께 떨어지는 경우가 많다. 낙하 후 유충이 자라서 11월에 번데기가 되었다가 이듬해 봄에 우화한다. 혹 주위가 털로 둘러싸이며 잎 앞면에서 주로 발생하지만 드물게 뒷면에서도 발생한 다. 굴참나무에서도 보인다.

9월 5일

10월 8일

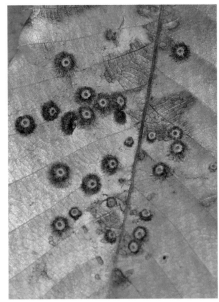
10월 10일

10월 12일. ×20

11월 7일. *Neuroterus* sp. ×20

상수리나무잎위동글납작혹벌혹

8월 초에 지름 1㎜ 크기의 작은 혹이 보이기 시작하며, 9월에 많아진다. 10월 중순에 땅으로 떨어지기 시작해 하순에는 잎에서 찾기 어렵다. 잎 앞면에 붙어 있을 때는 동글납작하면서 가운데가 들어간 형태이고 속이 차 있어 유충이 잘 보이지 않는다. 땅으로 떨어진 후 유충이 자라면서 구슬 형태의 혹이 된다. 단성세대로 당년 겨울에 성충 암컷이 출현하는 개체도 있지만 대다수는 땅에서 1년을 보내고 혹 형성 후 2년 뒤 봄에 나온다. 꽃눈에 산란하며 수꽃에서 혹을 만들어 양성세대를 보낸다.

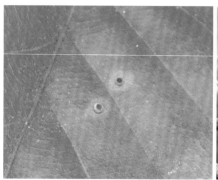
8월 9일. 초기 형태

9월 19일

9월 20일

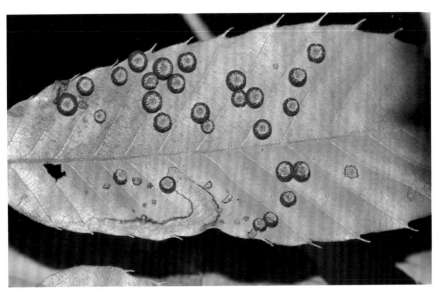

10월 10일

10월 11일

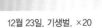

12월 23일. 기생벌. ×20

12월 23일. 혹 내부

상수리나무잎거치혹벌혹

8월 하순에 나타나기 시작해 10월 중순에 다 커지고 낙엽이 질 때 함께 떨어진다. 유충은 10월 하순에 번데기가 되었다가 11월에 우화하고 이듬해 봄에 번데기에서 나와 눈에 산란한다. 지름 2㎜인 작은 혹으로 잎 앞뒷면의 잎가장자리 톱니에 붙으며, 유충이 한 마리씩 들어 있다.

9월 5일

9월 26일. ×20

12월 24일. 번데기 1.3㎜. ×20

12월 24일. 혹 2~3㎜

1월 18일. 혹 내부의 유충. ×20

상수리나무잎뒤작은털공혹벌혹

잎 뒷면의 주맥 가까이에 주로 붙는다. 외형이 다 커져도 큰털공혹 크기의 3분의 2
수준이다. 구별하기 어렵지만 다른 종류의 성충이 출현한다.

9월 5일

12월 23일. 혹의 내부

상수리나무잎뒤큰털공혹벌혹

6월 하순부터 잎 앞면은 조금씩 솟아오른 모양, 잎 뒷면은 들어간 모양으로 생기며, 하순이 되면 잎 뒷면에 붉은색으로 돌출된 혹이 보인다. 혹은 10월 초에 다 커지고, 이후 땅으로 떨어진다. 성충은 11월 초부터 여러 마리가 나오기도 하지만 대부분 혹 안에서 겨울을 넘기고 이듬해 3월에 나온다. 암컷 단성세대로 꽃눈에 산란해 양성세대를 보낸다. 혹 안에 유충이 한 마리씩 들어 있고, 드물게 잎 앞면에서도 발생한다. 혹 초기에는 납작해 보이다가 커가면서 사다리꼴이 되며, 다 크면 구형에 가깝고 털로 덮인다.

10월 10일

7월 21일

8월 2일

8월 2일

9월 4일. 잎 앞면으로 나온 혹

10월 6일

11월 6일. 혹 내부의 유충. ×20

11월 6일. 기생벌. ×20

11월 6일. *Neuroterus vonkuenburgi* 암컷 ×20

6월 17일. 잎 앞면

상수리나무가지혹벌혹

8월 중순에 보이기 시작하고, 10월에는 갈색으로 변해 떨어진다. 성충은 이듬해 봄에 출현한다. 주로 2년생 줄기에서 둥근 형태로 연이어 붙으며 혹 안은 비어 있고 유충이 한 마리씩 들어 있다. 초기에는 연두색, 햇빛을 받으면 붉은색이 강해졌다가 갈색으로 변한다.

8월 12일. 혹 내부. ×20

9월 2일

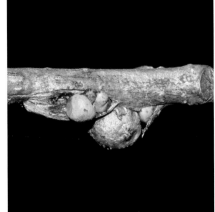

10월 6일

10월 6일

상수리나무줄기혹벌혹

8월 하순에 발생하기 시작해 9월까지 외형이 커지고 10월에는 떨어지는 혹이 많다. 성충은 이듬해 봄에 출현한다. 굵은 줄기에 깊게 박혀 있고 모양이 일정하지 않다. 떼어 보면 옥수수 알갱이처럼 밑이 좁아지고 좁아진 뿌리 부분에 유충이 있다. 유충이 먹이 활동을 할 때는 혹이 팽팽해 단단히 박혀 있다가 다 자라면 혹이 시들어 헐거워지면서 땅으로 떨어진다.

9월 13일

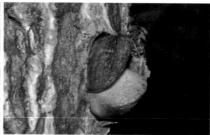
9월 13일

9월 22일

10월 20일

1월 6일. 성충 암컷과 수컷

상수리나무잎뒤주맥혹벌혹

8월 중순에 발생하기 시작해 9월 하순에 갈색으로 변하고 땅으로 떨어진다. 단성세대 성충은 11월에 우화해 혹 속에서 겨울을 보내고 이듬해 봄에 번데기에서 나와 잎눈에 산란한다. 산란된 잎눈은 커지면서 양성세대(상수리나무잎뒤흑자색혹벌혹) 성충이 나타난다. 주맥 측면에 붙으며 타원형이다. 혹 안에 유충이 한 마리씩 들어 있다.

9월 5일

버드나무잎주맥잎벌혹

5월 하순부터 부풀어 오르기 시작해 6월에 외형이 완성되고 탈출공 없이 낙엽이 질 때까지 유지된다. 잎 앞뒷면의 주맥 옆에서 비대해지며 내부는 비어 있고 유충은 한 마리씩 들어 있다. 혹 외벽이 키버들잎주맥바람떡잎벌혹보다 두껍고 목질화되며 잎에 하나씩 나오는 경우가 많다. 용버들에서도 발생한다.

5월 25일

6월 28일

8월 3일

8월 3일

8월 4일. 혹 내부의 유충

8월 19일. 기생벌. ×10

8월 21일. 혹 내부의 유충

9월 14일. *Pontania* sp.

버드나무잎뒤잎벌혹

5월에 보인다. 둥근 모양으로 주로 주맥을 따라서 나오지만 엽육에서 나오기도 한다. 잎 앞면은 돌출이 미미하고 뒷면 쪽이 커진다. 혹 안에는 유충 한 마리와 배설물이 있고, 종령 유충은 늦여름 구멍을 뚫고 탈출한다. 흙 속에서 월동하고 이듬해 4~5월 우화해 잎에 산란한다. 알에서 깨어난 유충이 엽육을 갉아먹으면서 세포의 이상 신장이 일어나 잎 뒷면이 돌출하게 된다. 버드나무, 호랑버들에서 보이고 호랑버들에서 발생할 경우 혹 표면이 털로 싸여 있다. 키버들에서는 발생하지 않는다.

5월 27일

5월 27일. 호랑버들

5월 28일. 버드나무

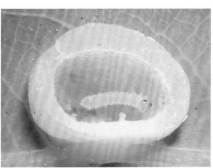

5월 30일. 버드나무 혹 내부

5월 30일. 호랑버들

5월 30일. 호랑버들 혹 내부

버드나무가지공잎벌혹

9월 초에 발견했으며 혹은 탈출공 없이 겨울까지 유지된다. 혹은 목질화되어 단단하고 유충은 한 마리씩 들어 있다. 용버들과 키버들에도 발생한다.

9월 5일

버드나무잎가장자리뒤접은잎벌혹

5월에 보이며 뒷면 쪽으로 접힌 혹 내부에는 유충이 배설물과 함께 있다. 호랑버들
에도 같은 형태의 혹이 나온다.

5월 28일

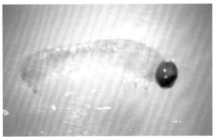

5월 28일. 호랑버들 잎에 발생

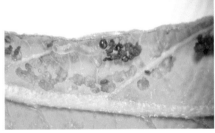

5월 30일. 버드나무 잎에 발생. *Phyllocolpa* sp.

5월 30일. 호랑버들 혹에서 나온 유충

7월 14일. 버드나무

키버들잎주맥바람떡잎벌혹

5월 중하순부터 나타나기 시작하며, 6월 중순 이후 큰 혹이 눈에 띤다. 종령 유충
은 7월 말~8월 초 눈에 잘 띄지 않는 곳(잎 뒷면 쪽)에 탈출공을 만들고 나와서 땅
속으로 들어간다. 속이 빈 둥근 형태의 혹으로 유충 한 마리가 배설물과 같이 있
다. 햇빛을 받으면 강한 붉은색을 띤다. 하나의 잎에서 여러 개의 혹이 나오는 경
우가 많다.

5월 25일. 초기

7월 1일. 기생벌 유충

6월 3일

7월 1일

7월 13일. 기생벌과 같이 있는 애벌레

8월 26일. 혹 내부의 유충

9월 14일. 탈출공

찔레별사탕혹벌혹

5월 10일 전후 잎 앞뒷면, 가장자리에 작은 혹(지름 1㎜)이 붙기 시작하고, 5월 하순에는 지름 5㎜ 정도의 혹이 많으며, 종종 8월에 발생하는 혹도 있다. 6월 중순이후 다 커진 혹은 목질화되면서 땅으로 떨어진다. 혹 안에서 유충으로 겨울을 나고 이듬해 3월 번데기가 되었다가 4월 말~5월 초 우화한다. 5월에는 주로 잎에서 볼 수 있고 꽃이 피면 꽃받침에서 형성되며, 열매가 열리는 시기에는 열매 옆에 붙는다. 혹 주위에 뾰족한 돌기 여러 개가 나오는 경우가 많다. 혹 안에 유충 한 마리가 들어 있는 경우가 대부분이다. 드물게 방이 몇 개로 나뉘는 것도 있는데, 다른 종일 가능성도 있다.

5월 15일

5월 31일

꽃받침에서 발생

6월 21일

7월 6일

7월 19일

7월 24일. 기생벌

8월 5일

9월 26일

12월 23일. *Diplolepis japonica*

병꽃나무잎잎벌혹

5월 초순부터 발생하지만 6월에 눈에 많이 띈다. 초기 혹은 조직으로 꽉 차 있고, 5월 하순~6월 초가 되어야 유충이 보인다. 6월 하순에 잎 뒷면으로 구멍을 뚫고 종령 유충이 탈출한다. 혹은 주맥 양옆에 대칭으로 생기는 경우가 많고 타원형이다. 혹은 초기에는 초록색이고 외형이 커지면서 황색을 띠고 성숙하면 붉은빛을 띤다. 잎 앞뒷면이 같이 비대해지고 유충이 한 마리씩 들어 있다.

5월 1일

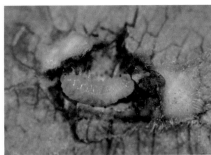

6월 8일. 혹 내부의 유충

6월 26일

6월 20일. ×15

6월 28일. 잎 뒷면의 탈출공

밤나무순혹벌혹

4월 20일 전후에 나타나기 시작해, 5월 중순에 많이 보인다. 6월 초순이 되면 유충은 번데기가 되기 시작하고 성충은 6월 말부터 나온다. 성충은 수일 내에 잎눈에 산란하며, 유충으로 월동한다. 이듬해 유충이 먹이 활동을 시작하면서 붉은색을 띠는 혹이 형성되기 시작한다. 혹 주위에 잎이 여러 개 돌려나며, 드물게는 잎 주맥에서도 발생한다. 혹 안에 유충이 1~7마리 들어 있으며, 탈출공은 하나만 생긴다. 야생 밤나무에서 흔하게 볼 수 있다.

5월 2일

5월 2일. 잎 앞면의 주맥에서 나온 혹

5월 8일

6월 8일. 혹 내부

7월 18일. 밤나무혹벌(*Dryocosmus kuriphilus*) 성충 암컷

8월 6일. 탈출공

떡갈나무잎주맥혹벌혹

4월 하순에서 5월 초 주맥 기부에서 붉은 털이 뭉쳐 있는 형태로 생기며 5월 중순이 되면 붉은빛은 사라지고 주맥 앞뒤로 불규칙하게 부풀어 오른다. 6월 초순부터 양성 성충이 나오며 수컷이 1~2일 먼저 나오고 기생벌도 많이 나온다.

5월 3일. 혹 형성 초기

5월 8일

6월 11일. *Andricus* sp. 성충 암컷과 수컷

6월 6일. 성충 수컷 출현

6월 11일. 기생벌

혹벌 비교 사진(혹 이름, 암수, 더듬이 마디 수, 크기)×30

신갈나무잎주맥뒤혹벌혹
(신갈마디혹벌혹)
우. 14마디. 2mm

신갈나무잎주맥뒤혹벌혹
(신갈마디혹벌혹)
♂. 15마디. 1.5~1.8mm

갈참나무잎꼭지혹벌혹
우. 13마디. 1.8mm.

갈참나무잎방세개혹벌혹
우. 13마디. 1.3~2mm

갈참나무잎방세개혹벌혹
♂. 15마디. 1.2mm

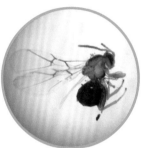

상수리나무수꽃봉오리혹벌혹
우. 14마디. 1.8mm

신갈나무잎주맥혹벌혹
우. 14마디. 1.2mm

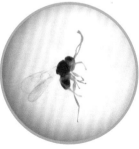

신갈나무잎주맥혹벌혹
♂. 15마디. 1mm

상수리나무가지털혹벌혹
(어리상수리혹벌혹)
우. 마디 수 측정 못했음. 5mm

혹벌 비교 사진(혹 이름, 암수, 더듬이 마디 수, 크기)×30

갈참나무잎동그란혹벌혹
♀. 14마디, 2.5mm

갈참나무잎동그란혹벌혹
♂. 15마디, 2mm

굴참나무가지둥근혹벌혹
♀. 14마디, 5mm

떡갈나무잎주맥혹벌혹
♀. 13마디, 2mm

떡갈나무잎주맥혹벌혹
♂. 15마디, 2mm

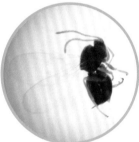

상수리나무잎구슬혹벌혹
♀. 마디 수 측정 못했음. 3.5mm

참나무순사과혹벌혹
(참나무순혹벌혹, 갈떡혹벌혹)
♀. 14마디, 2.5mm

참나무순사과혹벌혹
(참나무순혹벌혹, 갈떡혹벌혹)
♂. 15마디, 2.5mm

상수리나무잎위털동글납작혹벌혹
♀. 13마디, 2.2mm

혹벌 비교 사진(혹 이름, 암수, 더듬이 마디 수, 크기)×30

갈참나무줄기혹벌혹
우. 14마디. 2.5mm

갈참나무줄기혹벌혹
♂. 15마디. 1.5mm

밤나무순혹벌혹
우. 14마디. 2mm

갈참나무가지끝혹벌혹
우. 13마디. 1.8mm

갈참나무가지끝혹벌혹
(더부살이혹벌)
♂. 15마디. 1.5mm

상수리나무잎뒤큰털공혹벌혹
우. 14마디. 3mm

상수리나무잎뒤작은털공혹벌혹
우. 13마디. 1.7mm

기타 혹

● ● ●

나방, 총채벌레, 딱정벌레,
선충 등이 원인이 되어 형
성되는 혹이며, 나무가 스
스로 만드는 혹이 있다.

들깨순나방혹

7월 하순 경 생장이 왕성한 순에 형성된다. 혹 안에 유충이 한 마리씩 들어 있는데 8월 하순에는 번데기, 9월 초에는 성충이 되어 나온다.

8월 24일

8월 24일

8월 31일

8월 31일. 혹 내부의 번데기

9월 2일. 성충

명아주줄기통나방혹

6월, 10월에 보인다. 성충도 연 2회 출현하며, 줄기가 비대해지고 혹에 유충이 한 마리씩 들어 있다.

10월 15일(사진 제공: 차명희)

10월 16일. *Coleophora sosisperma*

미국실새삼줄기충영바구미혹

여름부터 가을에 보이며 가는 줄기가 눈에 띄게 둥근 형태로 비대해진다. 유충이
한 마리씩 들어 있고 성충은 10~11월에 출현한다.

9월 12일

9월 20일. 유충

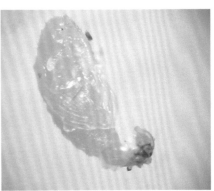

9월 23일. 새삼충령바구미(*Smicronyx madaranus*) 번데기

환삼덩굴줄기나방혹

줄기가 비대해진다. 연 2세대로 5월과 7~8월에 성충이 출현한다. 2세대 성충이
낳은 알은 경화된 줄기에서 유충 상태로 월동한다.

7월 18일. *Grapholita quadristriana*

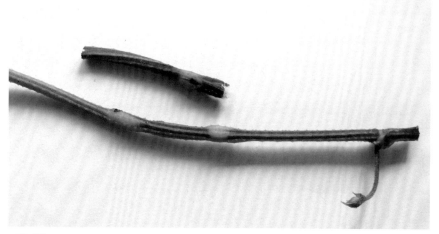

7월 18일. *Grapholita quadristriana*

사위질빵줄기나방혹

줄기에서 둥글게 형성되었고 4월에 발견했는데 빈 혹이었다.

4월 22일

4월 22일

쑥선충혹

5월 중순 쑥 잎이 커지면서부터 나오기 시작해 11월 잎이 마를 때까지 계속된다. 초기에는 성엽에 생기고 점차 순을 따라 올라가며 가을에는 꽃대에 많이 생긴다. 선충은 어미일 때는 투명하고 굵은데 새끼는 불투명하고 가늘다. 혹 하나에 100마리 이상이 들어 있다.

6월 19일. 잎 뒷면

6월 28일

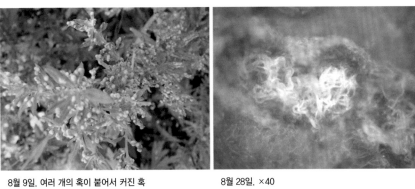

8월 9일. 여러 개의 혹이 붙어서 커진 혹

8월 28일. ×40

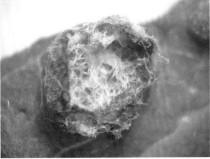

9월 24일. 선충 어미

9월 24일. 선충 어미와 새끼

10월 11일. 꽃대로 올라간 혹

쑥줄기꽃벼룩혹

쑥 줄기 중간 부분에서 발생한다. 8월부터 보이고 혹 속에서 유충으로 월동하며 이 듬해 5월 성충이 출현한다.

4월 25일

9월 6일

9월 28일

10월 2일. 유충

4월 6일. *Mordellistena* sp. 번데기

쑥줄기나방혹

6월에 줄기 상단부가 부풀어 오르며, 혹 안에서 유충으로 월동하고 이듬해 5월 성충이 출현한다.

6월 18일

10월 4일. 쑥애기잎말이나방(*Eucosma metzneriana*) 유충

쑥줄기바구미혹

줄기 하단부에서 심하게 두드러지며 형성된다.

8월 10일

8월 10일

8월 30일

10월 4일. 쑥애바구미(*Baris ezoana*) 혹

칡줄기바구미혹

8월 말~9월이면 칡바구미 성충이 출현해 짝짓기하고 월동한다. 이듬해 5월 활동을 시작한 암컷이 줄기에 산란하면서 혹이 형성된다. 여름에 눈에 띄고 겨울에도 빈 혹이 남아 있다. 완성된 혹은 유충 방이 2~4개 있는 타원형으로 길이 3~5㎝이고 각 방에 유충이 한 마리씩 들어 있다. 기생벌이 나오는 경우도 많다.

5월 9일

8월 24일

378

8월 26일. 배자바구미(*Mesalcidodes trifidus*).
왼쪽은 기생벌 유충

9월 5일. 배자바구미(*Mesalcidodes trifidus*)

9월 8일. 혹에 기생한 벌

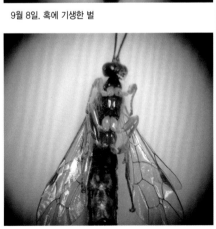

9월 8일. 혹에 기생한 벌

10월 25일. 빈 혹

감나무잎가장자리총채벌레혹

5, 6월 꽃 피는 시기에 볼 수 있으며 잎가장자리가 잎 앞면 쪽으로 말린다. 성충은 6월 상순부터 나타나 과수원 근처의 나무껍질 속에서 월동하고 이듬해 4월 중순부터 감나무로 돌아와 어린잎에 산란한다. 부화한 유충이 흡즙하면서 5월 중하순에 혹이 많이 보인다. 고욤나무에서도 볼 수 있다.

5월 29일

5월 30일. 감관총채벌레(*Ponticulothrips diospyrosi*). ×20

6월 3일. 고욤나무에 발생

6월 3일. 고욤나무에 발생

콩배나무줄기나방혹

여름에 보이며 유충은 혹 안에서 월동하고 이듬해 봄에 성충이 나온다.

4월 25일

7월 25일

10월 25일

11월 16일. ×10

느릅나무줄기나방혹

가지가 둥글게 비대해진다.

4월 27일

그 외의 나무 나방혹들

여러 가지 나무의 묵은 줄기에 나방 유충이 기생하면서 형성되는 혹으로 목질부를
섭식하면서 둥글게 비대해진다. 아까시나무, 괴불나무, 밤나무, 버드나무, 벚나무,
쥐똥나무, 작살나무, 산딸기 등에서 보였다.

개복숭아나무 묵은 줄기

괴불나무

밤나무

버드나무 묵은 줄기

버드나무 묵은 줄기

아까시나무

쥐똥나무

나무 생존전략 혹들

나무가 살아가기 위해 만드는 혹으로 오랜 시간에 걸쳐 나무줄기에서 크게 형성된다. 상처가 났을 때 병균의 침입을 막기 위해 만드는 혹과 맹아를 틔우기 위해 만드는 혹이 있으며 속이 차 있다.

상처에 난 혹

은행나무. 맹아를 틔우기 위한 혹

모과나무. 맹아를 틔우기 위한 혹

양버즘나무

벚나무

상처를 감싸는 혹

갈참나무

참고문헌

강전유, 2008, 『나무해충도감』, 소담출판사

나용준 외 2, 1999, 『수목병리학』, 향문사

문성철, 이상길, 2014, 『나무 병해충 도감』, 자연과생태

박종성 외, 1999, 『식물병리학』, 향문사

백문기 외 17, 2010, 『한국 곤충 총 목록』, 자연과생태

손재천, 2006, 『주머니 속 애벌레 도감』, 황소걸음

윤주복, 2008, 『야생화 쉽게 찾기+나무 쉽게 찾기 세트』, 진선출판사

이범영, 1997, 『한국수목해충』, 성안당

이승환, 2002, 『Aphididae in the Korean Peninsula』, 정행사

이창복, 1999, 『대한식물도감』, 향문사

임효순, 지옥영, 2012, 『할머니가 본 식물혹의 세계』, 현진사

湯川淳一, 桝田長, 1996, 『日本原色虫癭図鑑』, 全国農村教育協会

Margaret Redfern, 2011, 『Plant Galls』, HarperCollins

Ron A. Russo, 2007, 『Field Guide to Plant Galls of California and Other Western States』,
　　　University of California Press

찾아보기

식물혹 명

원인자 명